U0192188

绿色建筑
性能后评估

杨建荣　张颖　张改景　等著

中国建筑工业出版社

图书在版编目（CIP）数据

绿色建筑性能后评估/杨建荣等著．—北京：中国建筑工业出版社，2021.4
ISBN 978-7-112-26100-0

Ⅰ.①绿…　Ⅱ.①杨…　Ⅲ.①生态建筑－建筑设计－评估　Ⅳ.①TU201.5

中国版本图书馆 CIP 数据核字（2021）第 074541 号

伴随着我国"十四五"和中长期节能减碳的目标明确，建筑绿色化、低碳化已从理念要求走向现实约束。本书结合国家重点研发计划课题的研究成果，在大量调研绿色建筑运行数据基础上，建立了同初始设计相关联的绿色建筑能源消耗、水资源消耗、环境性能等基准标尺，并结合环境品质的主观评价，提出适合我国国情的绿色建筑后评估模型和评价方法。本书内容为大量既有绿色建筑全寿命期的性能认定和未来规模化发展的低碳设计提供了积极的思路。

责任编辑：齐庆梅　毕凤鸣
文字编辑：肖　贺
责任校对：姜小莲

绿色建筑性能后评估

杨建荣　张颖　张改景　等著

*

中国建筑工业出版社出版、发行（北京海淀三里河路 9 号）

各地新华书店、建筑书店经销

逸品书装设计制版

北京富诚彩色印刷有限公司印刷

*

开本：787 毫米 ×1092 毫米　1/16　印张：11¾　字数：240 千字

2021 年 5 月第一版　2021 年 5 月第一次印刷

定价：98.00 元

ISBN 978-7-112-26100-0

（37233）

我国自2006年发布《绿色建筑评价标准》GB/T 50378-2006以来，绿色建筑与建筑节能先后被列入《国家中长期科学和技术发展规划纲要（2006-2020）》《国民经济和社会发展第十二个五年（2011-2015年）规划纲要》《国民经济和社会发展第十三个五年（2016-2020年）规划纲要》以及住房和城乡建设部《建筑节能与绿色建筑发展"十三五"规划》等国家和部委文件，各省、市、自治区也相继发布绿色建筑发展条例或在政府文件中增加绿色建筑发展相关内容，伴随着相关技术产业升级、工程示范实践，我国绿色建筑进入了规模化、普及化的发展轨道。

近年来，党的十八届五中全会、十九大和中央城市工作会议对我国城市建设提出了新的要求，包括城市规划设计应贯彻"创新、协调、绿色、开放、共享"的新发展理念，城市建设发展应以人民为中心，以人民最关心的问题为导向，共建共治共享，建设让人民满意的城市等。

随着绿色建筑的规模化发展态势和高质量发展需求，迫切需要借助大量的工程项目效果测评，去直接量化绿色建筑的节能减排效益，直接体会绿色建筑的舒适环保和健康价值，从而对绿色建筑的规模化发展价值、工程技术的适用性程度、整体性能的优化改进路径进行挖掘和确定。为此，越来越多的研究项目围绕绿色建筑的运营实效设立，对绿色建筑后评估的理论和实践给予了高度关注。

本书结合"十三五"国家重点研发计划项目"基于实际运行效果的绿色建筑性能后评估方法研究及应用"的部分研究成果，并结合团队多年来的工程实践，从高质量发展的需求出发，通过调研国内外研究进展和现有基础，建立了绿色建筑性能后评估的关键指标，提出了适合国情的绿色建筑后评估模型和评价方法，并筛选典型工程进行示例，可为广大从事绿色建筑规划设计、建设管理、技术研究的机构和人士提供十分有价值的参考和借鉴。

国家建筑工程技术研究中心　主　任
中国工程建设标准化协会绿色建筑与生态城区分会　理事长

房屋建筑伴随人类文明的演进而出现,至今已存在数千年的历史,而"绿色建筑"作为一种理念的系统性提出,只有短短三十余年。在我国,如果不考虑20世纪80—90年代的建筑节能,绿色建筑的历史甚至只能回溯至21世纪初。

"十五"期间,国内一些高校和研究机构开始研究西方国家提出的绿色建筑评估体系,并借助科技部和地方政府的重点研发课题资助,在北京、上海等地率先开展小规模的示范实践,探索绿色建筑的中国化之路。这些被当时较少关注但回头看极具开创性的工作,极大地推动了"十一五"期间国家《绿色建筑评价标准》的出台,并直接促使建筑节能和绿色建筑列入《国家中长期科学和技术发展规划纲要(2006-2020)》,引发了产学研等多个行业的极大关注。"十二五"期间,随着国家和地方系列政策文件的颁布、城镇化的加速和产业界的参与,绿色建筑相关技术、产品和工程迎来了规模化发展的高峰。"十三五"之初,《中共中央 国务院关于进一步加强城市规划建设管理工作的若干意见》中,确立了"适用、经济、绿色、美观"的建筑方针,这个划时代的要求标志着建筑绿色发展的常态化。这一时期迎来人们对高质量、可感知、健康舒适等更多的显性要求,因而也出现了更多元的参与和更广泛的讨论,议题的核心之一就是绿色建筑后评估,认识和评价绿色初衷的效果实现。

从另一个角度,如果说"十五"到"十二五"期间大量的绿色建筑尚处于设计、建造阶段,人们对绿色建筑的期待多聚焦于各种新技术、新材料应用的话,那么"十三五"期间伴随着工程的相当程度规模化,对其效果的量化认知和反馈就成为绿色建筑发展必然面对的问题,如绿色建筑用能、用水的强度到底如何,绿色建筑内的环境是否达到舒适和健康的水准。这些问题的回答,自然离不开借助一定数量工程的实际运营获取数据,通过这些仍然有限的样本数据来寻找共同规律、发现合理区间;或至少往前走一步,直面上述的各种问题,如同二十年前绿色建筑在我国出现之初那样,通过尝试、研究来起步走上寻解之路。

"十三五"国家重点研发计划的设置正当其时,重点研发计划"绿色建筑及其工业化"中设置了"基于实际运行效果的绿色建筑性能后评估方法研究及应用"项目(2016YFC0700100),主持人为绿色建筑领域知名学者、清华大学建筑学院副院长、国家杰出青年基金获得者、教育部"长江学者"林波荣教授。笔者负责其中课题五"绿色建筑性能后评估技术标准体系研究"（2016YFC0700105），研究内容聚焦绿色建筑能耗、水耗、环境质量基准线，以及在此基础上的性能后评估方法。

课题为研究提供了智力汇聚的机会和资金支持的渠道，研究团队来自上海市建筑科学研究院有限公司、中国建筑科学研究院有限公司、住房和城乡建设部科技与产业化发展中心、住房和城乡建设部标准定额研究所、重庆大学、广东省建筑科学研究院集团股份有限公司、华南理工大学、北京交通大学、博锐尚格科技股份有限公司等。研究工作充分考虑了我国当前建筑后评估工作尚处于起步阶段的现状，面向绿色建筑使用后评估的核心关键指标，初步建立了一套性能评价的方法。本书内容即是在该课题研究成果基础上，从绿色建筑宏观背景和新时期需求分析出发，总结绿色建筑性能评估的部分进展而成。

全书共分为六章，以引导绿色建筑高标准、高质量、高性能发展为目标，集成国内外相关领域理论和最新实践经验，力争成为政府、行业机构、建设者、运营者等全链条参与主体的工作实践指南。通过对国内外绿色建筑后评估理论和方法的回顾梳理，聚焦能源管理、水资源管理、室内环境质量和用户满意度等重点方面，从既有研究和实践、适用指标和基准值构建、评估模型和操作流程等方面，探究现阶段可指导我国绿色建筑后评估工作开展的范式和工具，为不同类型绿色建筑的落地实操提供策略导向和方法指南，也为"前策划、后评估"方针下的绿色建筑全过程性能闭环设计提供新思路。

各章的主要完成者分别为：

第1章 杨建荣、张颖、廖琳、邱喜兰

第2章 杨建荣、张改景、王利珍、张丽娜、窦强、吴蔚沁

第3章 李坤、秦岭、高月霞、张嫄

第4章 王雯翡、叶凌、丁勇、张成昱、胡梦坤、邱喜兰

第5章 杨建荣、廖琳、宋凌、李宏军、刘彬、朱小雷、周硕文、陈娴、胡智星

第6章 张颖、丁勇、邱喜兰、周荃、丁可、王雯翡、孙昀灿

绿色建筑的发展离不开业界的关注、讨论甚至争论，本书提出的观点和数据多基于此次研究成果，因作者水平所限，难免有偏颇、不足之处，衷心希望各界同仁和各位读者批评指正。

第1章

概　述

1.1 我国绿色建筑发展的宏观背景

改革开放以来，我国的社会经济总量保持了持续高速增长，同时也迎来了快速的城镇化发展期，不论从速度上还是规模上，都是人类历史上绝无仅有的。1978—2016年，我国城市数量由190个增加到了657个，其中人口规模100万～300万的有121个，300万～500万的有13个，500万以上的城市达到了13个，城镇化率已经达到57%以上，城镇常住人口达到7.9亿。

通常认为，城市人口比例从30%上升至70%的时期，是一个国家城镇化进程中的重要阶段，也是决定城市生产效能和居民生活宜居的关键期。一旦这个时期完成，城市在接纳新的人口和持续建设方面的承接力将锐减，城市基础设施的投资和运营成本都将陡增，建成区域环境也将逐步接近其终极形态。很显然，我国目前正处于这个关键的发展机遇期，原有的粗放型开发建设模式、传统设计理论方法和管理评估机制将面临巨大挑战。具体表现为在快速建设进程中，政府投入了大量的社会经济资源，但建筑质量和使用后状况却极可能因其功能不合理、使用不当等造成运行质量低下，或因为非质量因素而提前拆除，给生态环境带来压力，并损害广大民众的公共利益。

面对城市和建筑发展的这种态势，广泛共识是发展绿色建筑，从理念更新入手，通过标准引导、示范引领、政策驱动和实施管控，实现可持续发展转型。近十年来，绿色建筑其理念已经得到行业普遍认同和广泛实践，但面对"量"大面广的建筑市场，还需要在"质"上做好把关工作，加深对建成环境性能及行为认知，形成系统的建筑使用后评估理论方法和体系，对绿色建筑的效益开展系统分析。并通过持续反馈，开发有效的预测方法和工具，改进设计有效性和建设的可行性，使绿色建筑做到真正高质量的可持续发展，最终满足人民对于美好生活的追求和向往。

1.1.1 政策经济环境

党的十九大和中央城市工作会议均对我国当前及近期的城市建设提出了新的要求和任务：城市建设发展首先应以人民为中心，以市民最关心的问题为导向，共建共治共享，建设让人民满意的城市；其次，城市规划发展应践行"创新、协调、绿色、开放、共享"的五大发展理念；最后，应促进城市发展管理效益提升，提高城市管理能力和现代化水平。

"以人民为中心"是建筑需实现的核心目标，五大发展理念是城市开发的基本原则，是提高城市管理效益的根本落脚点。作为常规设计建设的最终效果认定环节，后评估正是通过将原本各阶段割裂的建筑生命周期转变为以结果导向的整合过程的有效机制，其以全生命期为视角，以终为始，以使用者为出发点，串联设计、建造、运营等环节，可切实提升建筑性能。

建设领域对后评估的认识和要求由来已久。2014年7月，《住房和城乡建设部关于推进建筑业发展和改革的若干意见》（建市[2014]92号）指出："提升建筑设计水平。加强以人为本、安全集约、生态环保、传承创新的理念……探索研究大型公共建筑设计后评估。"2016年2月，中共中央国务院印发的《关于进一步加强城市规划建设管理工作的若干意见》中提出要"加强设计管理……按照'适用、经济、绿色、美观'的建筑方针，突出建筑使用功能以及节能、节水、节地、节材和环保，防止片面追求建筑外观形象。强化公共建筑和超限高层建筑设计管理，建立大型公共建筑工程后评估制度。"这些政策文件均强化了后评估在建筑可持续发展中的地位。2019年9月，国务院办公厅转发住房和城乡建设部关于《完善质量保障体系提升建筑工程品质指导意见》的通知（国办函〔2019〕92号），明确了建立建筑"前策划、后评估"制度，完善建筑设计方案审查论证机制，提高建筑设计方案决策水平。

对建筑性能的精细化提升也是当前经济发展的需要。2013年12月，习近平总书记在中央经济工作会议上的讲话首次提出了"新常态"。新常态下的中国经济呈现出增长速度由高速向中高速转换，发展方式由规模速度型粗放增长向质量效率型集约增长转变，产业结构由中低端向中高端转换，增长动力由要素驱动向创新驱动转换，资源配置由市场起基础作用向起决定性作用转换，经济福祉由非均衡型向包容共享型转换六大特征。

当下中国的经济环境，决定了我国房地产建设领域的急迫与谨慎共存的现状，然而经济转型以及人民生活需求的提高，又对建成品质提出了更高需求。这两者之间的矛盾，决定了当前经济环境下的绿色建筑更应注重质量、性能和感知度，实现高标准设计、高质量建设、高效能管理成为新常态下的基本要求和共同目标。

1.1.2 行业发展形势

自2006年《绿色建筑评价标准》GB/T 50378颁布以来，我国绿色建筑经历了试点试行、规模推广、突飞猛进的发展历程。2013年国务院办公厅以国办发[2013]1号文发布了《绿色建筑行动方案》，要求"到2015年末，20%的城镇新建建筑达到我国绿色建筑评价标准的要求"。随后发布的《住房城乡建设事业"十三五"规划纲要》《建筑节能与绿色建筑发展"十三五"规划》等均提出了明确的发展目标，要求2020年城镇新建建筑中绿色建筑推广比例超过50%，并进一步细化要求全面提升绿色建筑发展质量，实施绿色建筑全过程质量提升行动。

在一系列密集出台的政策推动之下，我国绿色建筑走出了一条具有中国特色的规模化发展之路。截至2017年12月底，全国评出绿色建筑评价标识项目共10927个（图1-1），总建筑面积突破10亿㎡，但其中运行标识项目不足600项，占总数的比例仅为5%左右。与此同时，我国城市化进程仍处于高速发展阶段，预计到2020年城镇化率每年将提高1～1.5个百分点，每年新建建筑约20亿㎡。可见，真正实现实效化运行的绿色建筑在新建建筑中的比例仍十分有限。造成该现象的原因是多方面的，包括：当前我国房地产业运作主流模式是建设开发与运行管理主体相分离，市场缺乏有效的政策引导机制，工程建设过程中设计变更频繁，绿色建筑技术落地过程中严重缺乏监管，社会公众对绿色建筑认知不足，绿色建筑实际效能缺乏合理评判，致使绿色地产未能成为消费驱动。

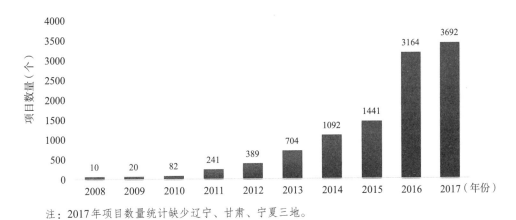

注：2017年项目数量统计缺少辽宁、甘肃、宁夏三地。

图1-1　近十年全国绿色建筑标识发展情况

如何引导绿色建筑通过科学有效的后评估实现运行实效提升，并进一步体现绿色建筑真正效益，还面临诸多挑战。其中首当其冲的是，我国尚未建立对工程项目建成后的使用后评价制度。

这里提到的后评估（Post-Occupancy Evaluation），是建筑全生命周期的重要一环，是对建成环境的反馈和对建设标准的前馈，对建筑效益的最大化、资源的有效利用和社会公平起到重要的作用。根据国外研究，可以从三个层面对后评估的定义进行解读。第一层面是建筑性能评估，主要指的是在建筑建成和使用一段时间后，对建筑性能进行的系统、严格的评估过程。这个过程包括系统的数据收集、分析，以及将结果与明确的建成环境性能标准进行比较，安全质量、节能能耗等方面都在这一层次。第二层面的后评估内容是建成环境是否满足并支持了人们明确的或潜在的需求，这也正是"以人为本"的设计意义所在。第三个层面则是利于职业技能水平提升，英国皇家建筑师协会（RIBA）指出，使用后评估包括在建筑投入使用后，对其建筑设计进行的系统研究，从而为建筑师提供他们的设计反馈信息，同时也提供给建筑管理者和使用者一个好建筑的标准。国际建协理事会通过的《实践领域协定推荐导则》（2004版）中将使用后评估列入建筑师应提供的专业核心服务范围内。美国建筑师协会（AIA）则鼓励建筑师参与自己建筑项目的使用后评估业务，并在AIA建筑师职业实践手册中针对使用后评估业务有明确的指导，并从客户需求、技能、操作步骤等方面进行了详细说明。

后评估制度起源于欧美，该制度是指通过标准化的程序对投入使用一段时间后的建筑性能进行测量，检验建筑的实际使用是否达到预期，包括建筑的使用功能、物理性能、生理性能、环境效益、社会效益以及使用者的心理感受等，评价结果可反馈至本身建筑，促进其性能持续优化，同时作为整合信息反馈给未来同类建筑的规划设计，避免类似缺陷的重复出现。从学术研究来看，建筑使用后评估是整个建筑生命周期后期最重要的一环，不仅可以助力提升建筑价值和使用性能，还可以提高建筑使用者的满意度，进而延长建筑使用生命周期。通过引入后评价方法，形成相对系统的反馈机制，并建立循环往复的建筑生命周期循环，被认为是在绿色建筑价值传递的闭环流程中不可或缺的一个环节。

1.2 后评估对发展绿色建筑的价值

在绿色建筑已成为新常态的局面下，如何进一步将以人为本的理念内化其中，从根本上提高百姓的获得感和认同感，解决收效难量化或不显著的问题，已成为绿色建筑进入新时代面临的挑战。

《绿色建筑评价标准》GB/T 50378-2019的修订过程中，从"以人为本、提升性能、提高质量"的原则出发，对指标体系做了重大调整，从"节地、节能、节水、节材、保护环境"的四节一环保指标，变为"安全耐久、健康舒适、生活便利、资源节约、环境宜居"的五大性能。此外，从我国工程建设管理现状出发，也将绿色建筑评价从运行期前移至竣工验收为节点，从"产品+使用"的评价思维向"合格产品交付"方向转变。然而，如何在最终长期使用角度评价实效，如何通过后评价对绿色建筑设计进行前反馈，并非这一部标准可以解决。

由于建筑只有在稳定运营一段时间后才能对其表现出的性能与效果进行较为公正的评价，因此在现有绿色建筑评价标准的基础之上，在项目生命期的时间节点上进行补缺，开展后评估的理论方法、关键指标基准线和评价标准体系的系统性研究，对于绿色建筑运营实效评价就显得尤为重要。通过开展使用后评估工作，对于推动绿色建筑高质量发展具有以下三个方面的价值：

（1）单体建筑实施绿色建筑后评估，可以客观地测试建筑实际运行情况，系统评价运行实效，通过数据真实、全面地评估建筑绿色性能，并检测建筑运行实际功效，对前期设计预判实现反馈，掌握建筑运行规律，为提升该建筑的运行效果明确方向，优化运行管理操作。

（2）通过开展绿色建筑后评估工作，掌握众多绿色建筑运行实效，逐步建立健全我国绿色建筑运行性能数据库，为更多绿色建筑提供横向可对比的样本，有利于科学评判绿色建筑性能及提升可持续性。

（3）通过众多绿色建筑后评估工作，积累绿色建筑性能数据，为绿色建筑特性规律研究提供行业基础，对建筑前期策划、技术方案、建设过程以及运行管理等全过程各阶段定位设计进行反馈与闭合，以此推动相关设计实施标准的完善提升，以及绿色建筑质量标准的升级。

总之，积极推动后评估理论和方法在绿色建筑领域的应用，以人民日益增长的美好生活需求为出发点，以使用者的满意体验为落脚点，有助于帮助绿色建筑从之前强调资源节约和社会效益，逐步转变到更为重视建筑人居品质、健康性能，向高质量、实效性和深层次方向发展。

1.3 本书的整体架构和目标

作为一部兼具研究综述价值和实施指导作用的启发式工具书，本书充分考虑了我国当前建筑领域后评估工作尚处于起步阶段的现状，从绿色建筑宏观背景和新时期需求分析出发，结合国家"十三五"重点研发计划项目的部分研究成果，面向绿色建筑使用后评估的核心关键指标，建立一套应用于当前我国绿色建筑性能后评估的创新理论方法和标准。

众所周知，建筑运营期是整个生命期中周期最长、资源消耗最大、管理难度最大的一个阶段，涉及相关主体众多，包括业主、物业管理方、租户、访客以及外部管理机构等，绿色建筑由于其机电系统和设施构件相对于常规建筑的复杂性和特殊性，其运营挑战日益突出，迫切需要建立一套针对绿色建筑切实有效的后评估方法和工具。

全书共分六章，以引导绿色建筑高标准、高质量、高性能发展为目标，集成国内外相关领域理论和最新实践经验，力争成为政府、行业机构、建设者、营运者等全链条参与主体的工作实践指南。

第1章剖析当前我国绿色建筑发展时代背景与社会需求，分析行业发展面临的问题与挑战，提出绿色建筑领域实施后评估制度的必要性，并对本书做了概括性介绍。

第2章聚焦国内绿色建筑能耗基准值的确定，从大量的案例实测获取海量数据出发，对当前绿色建筑的能源使用强度、特征描述和相对于常规建筑的差异进行了系统分析，并引入模型训练的方法，对典型城市构建了绿色建筑实际能耗预测模型，对不同节能情景下的绿色建筑相对于常规建筑的节能量进行工况模拟，提出了绿色建筑后评估能耗基准的构建方法和赋值思路。

第3章则是从绿色建筑水耗基准值研究的视角进行现状综述和思路梳理。在对国内办公建筑用水情况进行现状摸底的基础上,选取40余个绿色办公建筑项目开展深入的数据分析,发现绿色建筑实际用水量受运行模式、使用人数、管理水平影响较大,探索性地提出了基于实证研究的绿色建筑水耗基准制定方法。

第4章围绕绿色建筑的室内环境质量指标,首先对国内外绿色建筑在声环境、光环境、热湿环境和空气质量等方面的最新标准进展及变化趋势做了系统梳理,随后通过不同气候区代表性城市绿色建筑案例的室内环境监测数据分析,对绿色建筑相对于常规建筑在室内环境方面的差异性及其原因做了分析,从提升使用者获得感的角度出发,提出了绿色建筑后评估室内环境基准的构建方法和建议赋值。

第5章在对后评估相关方法和模型进行系统对比的基础上,提出了一套基于关键指标和主客观性能反馈的绿色建筑后评估方法,及从Q-L体系演变而来的综合评估创新模型,对已经发布的国内首部《绿色建筑运营后评估标准》T/CECS 608-2019的编制过程和特色进行了介绍,可在实操层面为项目落地开展绿色建筑性能后评估工作提供具有操作性的技术路径与实施工具。

第6章则是通过上海、重庆、天津和深圳的四个绿色建筑实际运行项目的案例剖析,对本书提出的能耗、水耗、环境质量等客观参数评测和使用者满意度主观调查的实施情况进行了描述,并应用绿色建筑性能后评估综合模型,对四个案例项目进行了试评。

2.1 国外建筑能耗基准的研究现状

2.1.1 建筑能耗基准的相关定义

（1）清洁发展机制

目前，学术机构对于建筑能耗基准的研究方法可以概括为基准线（Baseline）和基准评价（Benchmarking）两大类。其中，基准线方法倾向于建立一种标准化的水平，是一种假设的情景，主要应用于建筑之间的比较、排序或是交易。比如清洁发展机制（CDM）[1]中提出基准线的定义为"在没有该CDM项目的情况下，为了提供同样的服务，最可能建设的其他项目（即基准线项目）所带来温室气体的排放量"。基准评价方法则侧重于衡量建筑的实际能耗水平，通常需要大量样本建立的能耗数据库为基础，通过对比建筑内部数据即自身能耗和外部数据即数据库中的同类建筑能耗得出最终评价值。这种评价主要采用统计分析和基于分值的评估体系、基于模型的模拟评价以及分级末端能耗性能指标等评价方法[2]。

（2）《马拉喀什协定》[3]

该协定提出基准线是一种假设情况，合理代表在不开展拟议项目活动的情况下的温室气体人为源排放量。协定给出了三类基准线的计算方法：一是现有实际减排量或历史减排量；二是在考虑投资水平的情况下，在经济方面具有吸引力的主流技术所导致的排放量；三是在过去五年中，经济、环境、社会和技术条件相似的情况下开展的，其水平在同类项目中位居前20%的相似项目的平均排放量。在确定一个项目的基准线时，应根据项目的实际特点和其他因素综合考虑，从中选择最合适的一类基准线。

（3）国际能效测量与验证规程

国际能效测量与验证规程（International Performance Measurement and Verification Protocol，简称IPMVP），是目前国际上被普遍认可和广泛采纳用于检测和验证节能量的基础方法与规程。2009年，IPMVP中文版发布，目前最新版包括三卷，分别是确立节能的概念和方案、室内环境质量和应用。在确立节能的概念和方案中，提出了通过确定调整后的基准线能耗，将基准期和报告期的能耗量换算到同样的运行条件下，使节能量的计算更为准确的方法。这一类基准线主要应用于建筑本身的节能效果评价，但选取的参照物可以有所不同，有的是以建筑物历史某段时间内的实际能耗作为基准；有的是以人为制定某种标准化模型作为基准，如英国"用于减税的公共建筑节能模型及审查规范"[4]。目前已有许多国家将IPMVP作为评价节能量的客观标准，主要因为其具有灵活的测量和认证（M&V）框架，从而允许使用者根据每个情况设计合适的M&V计划。

2.1.2 建筑能耗基准领域的研究开展

（1）美国"能源之星"（ENERGY Star）

"能源之星"是美国能源部和美国环保署共同推行的一项政府计划，提供了一种在线对比建筑能耗数据库信息的评估工具，是较为典型的通过基准评价评判建筑实际用能情况及能耗水平的案例。建筑管理人员只需要输入建筑面积、运行时间以及逐月能耗等基本数据，系统后台便可自动在数据库中找到同类建筑进行对比，随后根据统计分析的结果，对参评建筑的能源利用效率给出评分。其计算内核的关键步骤是建立回归模型，从各类统计数据（如建筑面积、运行时间、人员密度等）中筛选出模型的输入影响变量，并对变量和模型的显著关系进行验证，剔除不显著的变量，最终确定数学回归模型。通过对比数据库中的模型建筑能耗与实际建筑能耗分析出该建筑的能源效率水平[5]，以百分制来计算得分，得分越高的建筑能效水平越高。例如一栋建筑得分80分，则表明其能源效率高于80%的同类建筑。

（2）英国"政府能效最佳实践项目"（EEBPP）

英国具有代表性的能耗基准评价工具是始于1989年的"政府能效最佳实践项目"（Government Energy Efficiency Best Practice Program）。该评价方法与美国Energy Star评价工具类似，均采用数据统计的方法进行建模，两种工具均需要大量的实际建筑能耗数据，且均从统计学角度认为前25%水平为较理想水平。EEBPP具有的主要特征包括以下四个方面：

第一，将同一类建筑进行二次分类，使得建筑类型划分更加细致。例如，医院建筑根据服务模式不同分为四个子类：大型医疗机构、专科医院、医疗站和疗养院；办公建筑根据空调形式不同分为四个子类：自然通风的多孔建筑、自然通风的敞开式建筑、标准空调建筑和豪华空调建筑。

第二，定义了建筑能源消耗量和建筑能源费用两类基准指标，并分别进行评价；其中，建筑能源消耗量以"标准值"和"节能目标值"作为两个基准指标："标准值"代表所有建筑能耗水平的平均值，而"节能目标值"则代表建筑能耗水平优于或等于前25%的能耗水平。评价建筑能耗水平时，第一步是统计建筑实际能耗：若建筑用能系统比较简单，则可以直接统计建筑能耗；如果用能系统比较复杂，则需要先获得分项能耗，再汇总得到建筑实际总能耗。通过建筑总能耗与标准值和指导值的对比关系判断建筑节能潜力，当建筑实际能耗低于标准值时，表示该建筑的能耗较低，已经达到了目前的能耗要求，无需优化处理；当建筑实际总能耗落在标准值和指导值的区间内，则表示该建筑能耗水平有进一步降低的潜力，可以通过加强运行管理或者进行无成本或低成本的技术改造，但节能潜力不大；当建筑物的实际能耗高于指导值时，表示该建筑属于高能耗建筑，亟需开展节能诊断和节能改造，具有较大的节能潜力。

第三，分别对化石能源和电力消耗进行评价。EEBPP并未将不同能源统一折算为一次能源，而是对化石能源和电力的消耗量和费用分别制定了基准指标数值。

第四，分别计算各分项能耗的指标，通过合成得到总的建筑能耗指标。为了计算总的能耗指标，需要对该项目的能耗进行分解，并对其中部分分项能耗指标的选取过程进行说明计算。

（3）德国工程师协会标准VDI3807

德国工程师协会标准VDI3807（Verein Deutscher Ingenieure）提出了标准值和指导值两种基准水平[6]。其中，指导值是指在现有技术经济条件下能够达到的能耗值，在确定基准能耗时采用中位数值，代表了目前建筑能耗的整体水平；标准值是指能耗较高的建筑采取先进的技术对用能系统和运行管理等进行改造或优化后能够达到的能耗值，在确定基准能耗时采用低于下四分位数即位于25%区域内的低能耗建筑的平均值，代表了该类建筑的先进水平。

评价建筑能耗水平时，第一步是统计建筑实际能耗，若建筑用能系统比较简单，则可以直接统计建筑能耗；如果用能系统比较复杂，则需要先得到分项能耗，再对分项能耗汇总得到建筑实际能耗。通过建筑实际能耗与标准值和指导值的对比关系判断建筑节能潜力。当建筑实际能耗低于标准值时，表示该建筑的能耗较低，已经达到了目前的能耗要求，无需优化处理；当建筑实际能耗落在标准值和指导值的区间内，则表示该建筑能耗水平有进一步降低的潜力，可以通过加强运行管理或者进行无成本或低成本的技术改造；当建筑物的实际能耗高于指导值时，表示该建筑属于高能耗建筑，亟需开展节能诊断和节能改造，具有较大的节能潜力。

2.2 国内建筑能耗基准的研究现状

国内建筑节能标准分类众多，根据建筑全生命周期阶段可分为三个层面，其一是产品与设备设计层面，提供依靠这些途径实现目标时必需的支撑，主要是建筑围护结构标准和建筑设备系统标准等；其二是工程建设过程层面，提出实现这些目标的技术及管理途径，主要是建筑节能设计标准、节能施工标准、节能运营标准等；其三是实际运行管理层面，提出符合国家政策法规要求的节能目标，《民用建筑能耗标准》GB/T 51161-2016即可归为性能目标层面的标准。围绕能耗基准线的研究，大多从工程和目标层的标准出发。

2.2.1 国内建筑节能标准发展

我国的建筑节能工作始于20世纪80年代。1986年，建设部批准并颁布了我国第一部节能设计标准《民用建筑节能设计标准（采暖居住建筑部分）》JGJ 26 1986，这代表了我国在建筑节能领域的起步，也可以看到我国在建筑节能领域的研究和实践源自对北方采暖的关注。之后系列相关标准陆续发布，在国家和行业层面包括公共建筑节能设计标准和各个热工分区对应的居住建筑节能设计标准，各省市也相继发布了当地公共建筑和居住建筑的节能设计标准。这些标准发展的重要节点汇总于表2-1。

我国建筑节能发展重要历程 表2-1

年份	标准名称	关键技术指标
1986	《民用建筑节能设计标准（采暖居住建筑部分）》JGJ 26-1986	节能目标30% 全年负荷系数（PAL） 设备综合能耗系数（CEC）
1995	《民用建筑节能设计标准（采暖居住建筑部分）》JGJ 26-1995	目标节能率50%，标志建筑节能进入发展期
2001	《夏热冬冷地区居住建筑节能设计标准》JGJ 134-2001	目标节能率50%
2003	《夏热冬暖地区居住建筑节能设计标准》JGJ 75-2003	目标节能率50%
2005	《公共建筑节能设计标准》GB 50198-2005	目标节能率50% 围护结构节能要求 暖通空调系统节能要求
2010	《夏热冬冷地区居住建筑节能设计标准》JGJ 134-2010	目标节能率50%
2010	《严寒和寒冷地区居住建筑节能设计标准》JGJ 26-2010	节能整体目标提高到65%
2015	《公共建筑节能设计标准》GB 50198-2015	提高围护结构热工性能要求 全年供暖通风空气调节和照明的总能耗减少20%～23% 公共建筑的整体节能水平可达到65%
2016	《民用建筑热工设计规范》GB 50176-2016	围护结构保温设计、隔热设计、防潮设计等
2018	《严寒和寒冷地区居住建筑节能设计标准》JGJ 26-2018	节能整体目标提高到75%
2019	《温和地区居住建筑节能设计标准》JGJ 475-2019	—
2019	《近零能耗建筑技术标准》GB/T 51350-2019	居住建筑提出能耗指标值 公共建筑提出建筑综合节能率

这些年的标准基本都采用了相对节能率指标来判定建筑节能水准，即通过设计建筑和参照建筑的对比来进行节能权衡判定，得到相对节能率的结果。但由于

参照建筑的虚拟性和随动性，无法从宏观层面上估算出设计建筑的绝对能耗值。2019年发布的国家标准《近零能耗建筑技术标准》GB/T 51350-2019，首次界定了超低能耗建筑、近零能耗建筑和零能耗建筑的相关概念，明确建筑能耗的绝对值指标。尤其对于公共建筑，给出了典型城市近零能耗公共建筑的建筑能耗综合值基准。

2.2.2 国内建筑能耗标准发展

截至2019年，国家及地方已出台建筑能耗定额、限额、用能指南等标准性文件50余部，其中的共性指标为建筑能耗总量的强度值，不同的标准又进一步根据建筑类型、热工气候分区、行政区划等进行细化或者设置分项能耗指标。部分省市标准还基于经济发达程度考虑了能耗宽松度，以体现所在地区的社会经济发展水平对建筑能耗的影响。

（1）国家和部分省市建筑能耗标准回顾

为有序推进公共建筑的节能工作和加强能耗监管，在对现有公共建筑实际能耗进行长期数据采集和统计分析的基础之上，从2009年开始，浙江、上海、北京、深圳等省市率先出台了符合当地实际情况的典型类别公共建筑能耗限额标准，建筑类型覆盖了机关办公建筑、商业建筑、医疗机构、星级饭店、综合建筑等，如表2-2所示。

国内现行的民用建筑能耗定额标准汇总　　　　　　　　　　表 2-2

	标准名称
国家	《民用建筑能耗标准》GB/T 51161-2016
上海	《机关办公建筑合理用能指南》DB 31/T 550-2015 《星级饭店建筑合理用能指南》DB 31/T 551-2019 《大型商业建筑合理用能指南》DB 31/T 552-2017 《市医疗机构建筑合理用能指南》DB 31/T 553-2012 《综合建筑合理用能指南》DB 31/T 795-2014 《高校建筑合理用能指南》DB 31/T 783-2014 《养老机构建筑合理用能指南》DB 31/T 1080-2018 《高等学校建筑合理用能指南》DB 31/T 783-2014 《大型公共文化设施建筑合理用能指南》DB 31/T 554-2015
北京	《宾馆、饭店单位综合能耗限额及计算方法》DB 11/T 1410-2017 《商场、超市能源消耗限额》DB 11/T 1159-2015 《商场、超市合理用能指南》DB 11/T 1160-2015 《政府机关办公建筑合理用能指南》DB 11/T 1337-2016 《民用建筑能耗指标》DB 11/T 1413-2017
深圳	《深圳市公共建筑能耗标准》SJG 34-2017
浙江	《行政机关单位综合能耗、电耗定额及计算方法》DB 33/T 736-2009 《饭店单位综合能耗、电耗限额及计算方法》DB 33/760-2009 《商场、超市单位电耗、综合能耗限额及计算方法》DB 33/759-2009

	标准名称
浙江	《医疗机构单位综合能耗、综合电耗定额及计算方法》DB 33/T 738–2009 《行政机关单位综合能耗、电耗定额及计算方法》DB 33/T 736–2015 《饭店单位综合能耗、电耗限额及计算方法》DB 33/760–2015 《商场、超市单位电耗、综合能耗限额及计算方法》DB 33/759–2016 《医疗机构单位综合能耗、综合电耗定额及计算方法》DB 33/T 738–2016 《普通高等院校单位综合能耗、电耗定额及计算方法》DB 33T 737–2015
海南	《宾馆酒店单位综合能耗和电耗限额》DB 46/259–2013
广西	《广西壮族自治区国家机关办公建筑综合能耗、电耗定额》DBJ/T 45–003–2013 《广西壮族自治区商务办公建筑综合能耗、电耗定额》DBJ/T 45–006–2013 《广西壮族自治区星级饭店建筑综合能耗、电耗定额》DBJ/T 45–007–2013 《广西壮族自治区商场建筑综合能耗、电耗定额》DBJ/T 45–008–2013 《广西壮族自治区医疗卫生建筑综合能耗、电耗定额》DBJ/T 45–009–2013 《广西壮族自治区文化建筑综合能耗、电耗定额》DBJ/T 45–010–2013 《广西壮族自治区普通高等院校建筑综合能耗、电耗定额》DBJ/T 45–011–2013
福建	《商场超市能源消耗限额》DB 35/T 1408–2014
辽宁	《大型商业建筑合理用能指南》DB 21/T 2375–2014 《公共机构办公建筑合理用能指南》DB 21/T 2376–2014
山西	《国家机关人均综合能耗定额》DB 14/T 1014–2014
江苏	《行政机关单位综合能耗限额及计算方法》DB 32/2663–2014
安徽	《行政机关能耗定额及计算方法》DB 34/T 1811–2013
山东	《行政机关能源资源消费定额及计算方法》DB 37/T 2672–2019 《医疗机构能源资源消费定额及计算方法》DB 37/T 2673–2019 《普通高校能源资源定额及计算方法》DB 37/T 2671–2019 《机关办公建筑能耗限额标准》DB 37/T 5077–2016 《商务办公建筑能耗限额标准》DB 37T 5078–2016 《宾馆酒店建筑能耗限额标准》DB 37/T 5076–016 《医院建筑能耗限额标准》DB 37/T 5079–2016 《大型超市能耗定额标准》DB 37/T 935–2016
广东	《公共建筑能耗标准》DBJ/T 15–126–2017
重庆	《机关办公建筑能耗限额标准》DBJ 50T–326–2019 重庆市《公共建筑能耗限额标准》DBJ 50–T–345–2020

2016年，《民用建筑能耗标准》GB/T 51161–2016发布，这是我国第一部以能耗绝对值来判定建筑节能运行水平的技术标准，标志着我国在建筑能耗基准领域迈上了一个崭新的台阶，也为能耗总量控制下建筑物的节能目标设定了一个清晰的前景。该标准也对不同气候分区下各类主要公共建筑和居住建筑分别给出了对应的能耗限值目标和计算方法。目前，上海已率先开始进行基于限额的建筑节能设计标准研究，意味着从设计到运行，我国的建筑节能将从相对节能率转向绝对能耗值约束的新时代。

（2）建筑能耗的相关指标定义

在国家和各省市的建筑能耗定额标准中，关于指标分类和认定的技术路线不尽相同，如表2-3所示。

各类建筑能耗标准中涉及的指标术语对比 表2-3

标准名称	指标分类	指标描述	
《民用建筑能耗标准》GB/T 51161-2016	约束值引导值	约束值是为实现建筑物使用功能所允许消耗的建筑能源数量上限值，是综合考虑了各地区当前建筑节能技术水平和经济社会发展的需求，从而确定的相对合理的建筑能耗指标数值。约束值是以样本的平均值来确定的	引导值是在实现建筑使用功能的前提下，综合高效利用各种建筑节能技术和管理措施，充分实现了建筑节能效果后的建筑能耗指标目标值，是在当前基础上的引导方向。引导值是下四分位数，即降序法25%
上海市《综合建筑合理用能指南》DB 31/T 795-2014	合理值先进值	约束值是按照统计方法，将被调查样本建筑的单位建筑综合能耗从小到大进行排序，取下四分位值作为合理值。约束值是技术方面的指标	先进值是宜通过节能技术改造或加强节能管理来达到的指标。先进值是按照统计方法，将被调查样本建筑的单位建筑综合能耗从小到大进行排序，取上四分位值作为先进值
《深圳市公共建筑能耗标准》SJG 34-2017	约束I值约束II值引导值	约束I值是指符合国家标准《公共建筑节能设计标准》GB 50198-2005节能设计要求的公共建筑运行时所允许消耗的建筑能耗指标上限值；约束II值是指符合国家标准《公共建筑节能设计标准》GB 50198-2015节能设计要求的公共建筑运行时所允许消耗的建筑能耗指标上限值	引导值是在实现建筑使用功能的前提下，综合高效利用各种建筑节能技术和管理措施，实现更高建筑节能效果的建筑能耗指标期望目标值
北京市《民用建筑能耗指标》DB 11/T 1413-2017	现行值目标值	现行值是指在满足建筑使用功能的前提下，民用建筑能耗不应超过的本标准规定的指标	目标值是指在满足建筑使用功能的前提下，民用建筑能耗宜达到指标值
广东省《公共建筑能耗标准》DBJ/T 15-126-2017	约束值引导值	约束值是强制性指标值，为实现建筑使用功能所允许消耗的建筑能耗指标上限值，为当前民用建筑能耗标准的基准线，是综合考虑各地区当前建筑节能技术水平和经济社会发展需求，而确定的相对合理的建筑能耗指标值	引导值是非强制性指标值，反映了建筑节能技术的最大潜力，代表了今后建筑节能的发展方向。该指标值是综合高效利用各种建筑节能技术，充分实现了建筑节能效果后能达到的具有先进节能水平的建筑能耗指标值

标准名称	指标分类	指标描述	
重庆市《公共建筑能耗限额标准》（征求意见稿）	约束值 引导值	约束值是为实现建筑使用功能所允许消耗的建筑能耗指标上限值。 约束值的制定主要反映该地区公共建筑的能耗水平，同时考虑重庆市经济发展和人民生活水平的提高，以限额水平0.20（即满足80%公共建筑的用能需求）作为建筑能耗约束值	引导值是指在实现建筑使用功能的前提下，综合高效利用各种建筑节能技术和管理措施，实现更高建筑节能效果的建筑能耗指标期望目标值。 公共建筑引导性指标代表重庆市未来公共建筑的节能发展方向，指标值将低于指标约束值，基本处于建筑能耗总体分布的平均水平

在国家标准《民用建筑能耗标准》GB/T 51161-2016中，将建筑区分为A类建筑和B类建筑，分别设定了相对应的能耗指标约束值和引导值。标准中所定义的A类公共建筑是可通过开启外窗方式利用自然通风，达到室内温度舒适要求的建筑，而B类公共建筑则是常年依靠机械通风、空调系统等方式维持室内温度舒适要求的建筑。

上海市在制定各类建筑合理用能指南[7]时，采用了合理值和先进值两档指标，其中合理值是用能单位自觉对标的依据，引导值是政府对标杆单位的奖励依据。为了提高标准的实用性，科学、合理地评价不同建筑不同使用状态下的能耗水平，上海市发布的各类建筑合理用能指南均考虑了建筑实际使用过程中客观因素（例如天气条件、建筑使用人数、系统形式等）对建筑能耗产生的影响，在对有显著影响的客观因素进行修正后，采用概率分布法计算不同累计概率下的能耗指标，并综合考虑当地限额执行力度和技术经济水平，最终选择合理的能耗指标值。

重庆市在编制《机关办公建筑能耗限额标准》[8]和《公共建筑能耗限额标准》时运用了数理统计方法，分别制定公共建筑约束性指标和引导性指标。该标准也明确指出，在确定限额水平时，主要综合考虑以下因素：该类建筑的能耗水平，该类建筑节能运行管理现状与技术现状，适用于该类建筑的各项节能改造措施以及运行节能改造后的节能效果和成本投入等情况。该标准的引导值代表重庆市未来公共建筑的节能发展方向，指标值将低于约束值，以限额水平0.20（即满足80%公共建筑的用能需求）作为建筑能耗约束值，基本处于建筑能耗总体分布的平均水平。

深圳市制定《公共建筑能耗标准》时[9]，针对办公建筑、宾馆饭店建筑、商场建筑明确了约束I值、约束II值两档和引导值的要求，并给出了实测值的修正办法。山东省制定了《宾馆酒店建筑能耗限额标准》等5项地方标准，运用统计定额与技术定额相比对的方法，给出了各类公共建筑的能耗指标约束值和先进值及其修正方法。武汉市制定了《武汉市民用建筑能耗限额指南》，给出了居住建筑、公共建筑的限额现行值、限额限定值、限额准入值、限额先进值，并提出了对子项用能（民用建筑空调供暖）的限额准入值[10]。

（3）建筑能耗对标工具和数据库进展

为了更好地促进建筑用能指南或建筑能耗标准的推广应用，国内已有一些研究机构在学习国外能耗在线评估工具的基础上，率先开发了针对国内公共建筑能耗评估适用的系统工具，其中较有代表性的包括上海市建筑科学研究院开发的"上海市大型公共建筑能耗指南软件系统"和中国建筑科学研究院开发的"中国建筑能效先锋工具"。

上海市建筑科学研究院开发的本市能耗指南软件系统（图2-1），后台数据库依托于上海市大型公共建筑和机关办公建筑能耗监测平台，主要目标用户包括建筑业主、管理人员和运维人员等。能耗指南软件包括了能耗对标和评价、建筑碳排放计算等功能，以满足不同用户群的个性需求。以能耗对标为例，依据《星级饭店建筑合理用能指南》DB 31/T 551-2011、《大型商业建筑合理用能指南》DB 21/T 2374-2014、《综合建筑合理用能指南》DB 31/T 795-2014、《市级机关办公建筑合理用能指南》DB 31/T 550-2015中的标准值，该软件可自动实现对被评价建筑能耗水平数据的对标分析。

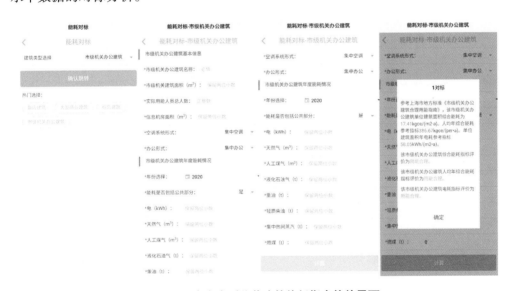

图2-1　上海市大型公共建筑能耗指南软件界面

中国建筑科学研究院建筑环境与能源研究院研发团队研发的中国建筑能效先锋工具[11]，通过大规模建筑实际运行数据的统计分析，建立能耗标准化模型，以实际用能数据指导建筑优化运行（图2-2）。作为初步成果，该工具模型目前考虑建筑提供服务量、服务水平等对能耗的影响，以此对能耗进行标准化处理，通过评价结果也可暴露出因建筑运行不合理、设备配置不合理或运行人员、操作不当导致的能耗过高等问题。该工具在建筑类型上已覆盖大型办公建筑、星级酒店、医院、商场等主要公共建筑类型。

图2-2 中国建筑能效先锋工具界面

2.3 建筑能耗基准指标的制定方法探讨

2.3.1 建筑能耗基准指标的方法研究

现阶段，国内有关建筑能耗基准指标的研究方法可归结为以下三类：

第一类为统计分析法：以实际建筑能耗统计、能源审计数据为基础，得到建筑的用能分布特征，经数理统计分析确定各类建筑的约束性与引导性指标值。目前，各省市出台的建筑用能指南或能耗标准中的指标确定方法就属于这一类。

第二类为技术测算法：以典型建筑为基础、标准运行工况为核心，计算得到各类建筑的约束性与引导性指标值。我国《公共建筑节能设计标准》GB 50189-2015[12]和各气候区居住建筑节能设计标准采用参照建筑模拟法就属于这一类。

第三类为宏观分析方法：根据我国总体宏观建筑用能水平与微观统计结果进行对比校正。国家进行用能总量预测控制属于此类方法。

2.3.2 影响建筑能耗基准指标的主要因素

国家《民用建筑能耗标准》GB/T 51161-2016和各省市关于建筑能耗定额及合理用能指南多采用单位建筑面积年能耗值作为能耗指标，其中行政机关办公建筑则采用单位面积年能耗和人均综合能耗[13,14]相结合的方法。究其原因，主要在于以下方面：对于机关办公建筑，其使用对象和运行模式较为固定，建筑使用人数易于获取和核定，因此采用人均指标具有可行性；同时，由于机关办公建筑的社会职能是提供社会公共服务，在针对其制定能耗限额时应更加强调社会公平性，因此也适用于采用"人均能耗限额"指标。对于商业办公建筑，其社会职能是提供商业办公服务，建筑的常驻人员数和访客人数情况复杂，较难准确核定建筑内人员数量，人均能耗指标不具有可操作性，因此，综合权衡考虑科学性、合理性和可操作性，商业办公建筑的能耗指标宜从"单位建筑面积能耗"单一指标进行衡量。

在确定建筑能耗基准指标的过程中，必须纳入考虑的两个重要因素是明确的计算边界和必要的修正因子。

（1）建筑能耗计算边界的确定

建筑能耗计算边界是影响建筑能耗指标的重要因素。通常来说，建筑能耗计算中的总能耗，应包括在建筑中使用的由建筑外部提供的全部电力、燃气和其他化石能源，以及由集中供热、集中供冷系统向建筑提供的热量和冷量。但对于建筑内集中设置的数据机房、厨房炊事等特定功能空间的能耗则不应计入公共建筑能耗指标的核定中，对其用能的合理性应单独考核。此外，用于建筑外景照明的用电，也应从建筑实测能耗中扣除。

能耗指标计算中还应特别关注停车库能耗的统计口径一致性。目前一线城市新建建筑配建地下停车库的面积占比逐渐增大，部分项目甚至占到总建筑面积的30%以上，如果将停车库面积计入总建筑面积计算单位面积能耗值，极易导致对该建筑用能强度的判断失真。因此，从公平性角度和数据一致性角度出发，在单位面积能耗指标的计算中，约定在总能耗中扣除停车库的能耗。与之相对应，建筑面积计算时也应剔除停车库的面积。

表2-4是从国家和各省市建筑能耗定额标准和各类用能指南中提取的关于停车库的能耗指标汇总，可见相互之间存在较大的差异性。

各标准中对于停车库子项能耗定额的汇总分析 表2-4

标准名称	停车库的能耗指标
《民用建筑能耗标准》	5.2.4 公共建筑中机动车停车库能耗指标的约束值和引导值应符合表5.2.4的规定。 机动车停车库能耗指标的约束值和引导值　单位：kW·h/(m²·a)　表5.2.4 <table><tr><td>功能分类</td><td>约束值</td><td>引导值</td></tr><tr><td>办公建筑</td><td>9</td><td>6</td></tr><tr><td>宾馆酒店建筑</td><td>15</td><td>11</td></tr><tr><td>商场建筑</td><td>12</td><td>8</td></tr></table>
2017年《广东省公共建筑能耗标准》	4.0.5 公共建筑中机动车停车库能耗指标应符合表4.0.5中单位建筑面积年综合电耗的规定。 机动车停车库能耗指标　表4.0.5 <table><tr><td>功能分类</td><td>指标单位</td><td>约束值(E_{cv})</td><td>引导值(E_b)</td></tr><tr><td>办公建筑</td><td rowspan="3">单位建筑面积年综合电耗 kW·h/(m²·a)</td><td>9</td><td>6</td></tr><tr><td>宾馆酒店建筑</td><td>15</td><td>11</td></tr><tr><td>商场建筑</td><td>12</td><td>8</td></tr></table>
2014年《上海综合建筑合理用能指南》	4.4.2 室内停车空间功能区域用能指标 综合建筑中的室内停车空间功能区域，其单位建筑年综合能耗应符合表2合理值规定。 室内停车空间功能区域用能指标　表2 <table><tr><td>建筑类型</td><td>单位建筑综合能耗合理值kgce/(m²·a)</td></tr><tr><td>室内停车空间功能区域</td><td>≤5</td></tr></table>

标准名称	停车库的能耗指标			
2017年《深圳市公共建筑能耗标准》	4.0.4 公共建筑中机动车停车库能耗指标的约束值与引导值应符合表4.0.4的规定。 机动车停车库能耗指标的约束值和引导值[kW·h/(m²·a)] 表4.0.4			

功能分类	约束值		引导值
	I	II	
办公建筑	12	9	6
宾馆酒店建筑	18	15	11
商场建筑	15	12	8

地下车库及设备用房能耗指标　　　　表19

用能部分	用能分项	年消耗量实物量			年能源消耗折标煤 kgce/(m²·a)	
		单位	现行值	目标值	现行值	目标值
地下车库（2017年北京市《民用建筑能耗标准》）	电力能耗	kW·h/(m²·a)	41	33	5.0	4.1
	综合能耗	kgce/(m²·a)	—	—	5.0	4.1
设备用房	采暖耗热量能耗	GJ/(m²·a)	0.16	0.13	5.5	4.4
	电力能耗	kW·h/(m²·a)	63	50	7.7	6.1
	综合能耗	—	—	—	13.2	10.5

（2）建筑能耗修正因子的筛选

公共建筑能耗强度受实际使用人数、运行时间和运行模式的影响较大，因此在进行建筑之间的横向对比时，有必要引入相关的修正因子，包括建筑运行时间、人员密度和用能设备密度等，从而将不同建筑的使用模式回归到同一水平。

研究表明，对于办公建筑而言，使用时间和使用人数是影响其能耗的主要因素。以使用人数为例，每增加一位使用者，其办公设备、通风空调等能耗都会相应增加，但由于空调系统的新风量通常采用固定模式，并非随人数的增加而等比增加，这就决定了空调系统的能耗并非随人数呈线性增加。相类似地，室内照明能耗由于主要取决于空间而非人员，因此受使用人数的影响也不显著。另一方面，建筑使用时间的延长必然会导致建筑运行能耗的增长，但由于使用时间的增加通常是因为局部加班造成的，而空调系统在加班时间通常是不开启，或者只是局部开启，这也就决定了办公建筑的能耗并非随着使用时间的延长而等比例增长。对于这两类影响因子，《民用建筑能耗标准》GB/T 51161-2016经过研究给出了建筑能耗修正方法，其中使用时间以年实际使用时间和标准模式的使用时间之比为修正参数，使用人数则以人均建筑面积为修正参数。

2.4　绿色建筑与普通建筑的能耗差异研究

2.4.1　国外学者的研究成果

2008年，美国学者Cathy.T[15]等对121个获得LEED-NC认证的建筑能耗（以办公为主）进行了统计分析，发现这些LEED认证建筑的能耗平均值相比于同类建筑约降低25%，但认证等级和能耗之间无显著相关性，并且也存在部分建筑并未达到设计预期的节能效果（见图2-3）。2009年，Newsham[16]又对100栋获得LEED认证的建筑能耗进行了统计，发现这些建筑的能耗相较于普通建筑的降低幅度在18%～39%；但是仍有近三分之一获得LEED认证的建筑，其能耗反而高于普通建筑。日本学者Osman Balaban等[17]对横滨和东京的7栋绿色办公建筑开展了实际能耗调查，其中4栋已通过CASBEE认证，另外3栋则完成了绿色化改造但未实施认证，发现这些建筑普遍实现了良好的节能效果，其中表现最优的两栋楼节能效果分别达到了33%和26%。

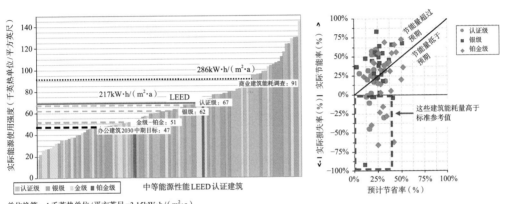

单位换算：1千英热单位/平方英尺=3.15kW·h/（m²·a）

资料来源：CATHY T.，and MARK F.，Energy Performance of LEED® for New Construction Buildings，NBI，2008.

图2-3　Cathy. T 关于LEED-NC认证建筑能耗统计的结果[15]

然而，由于分析样本、分析方法以及统计口径的差异，对于绿色建筑是否比同类型普通建筑体现出了节能效果，目前学术界也有着不同的见解。

2013年，Scofield J. H[18]分析了位于纽约市的953栋普通办公建筑和21栋通过LEED认证的办公建筑的能耗情况。结果发现，通过LEED认证的建筑总体能耗水平与普通建筑相比，并没有表现出明显的减少。但如果将LEED认证的建筑样本进一步缩小到获得金级及更高等级认证的部分建筑，其能耗平均值比纽约市普通办公建筑有近20%的降低幅度（见图2-4）。

2.4.2 国内学者的研究成果

我国绿色建筑起步较晚，目前绝大部分的项目都以审图和设计标识来作为绿色建筑的阶段性认定，获得运行评价标识的绿色建筑项目占比不足5%。样本量偏少、基础理论欠缺，导致目前国内在绿色建筑运行实效方面的研究相对较少，但部分机构和学者已率先开展了绿色建筑运行效果的探索性研究。

2015年完成的中国城市科学研究会"我国绿色建筑效果后评估与调研"课题，对31个获得绿色建筑运行标识的项目开展了运营期评估。课题组通过对其中占比

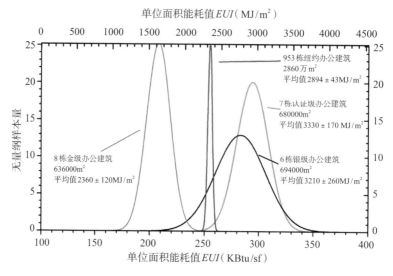

单位面积能耗值 *EUI*（MJ/m²）

无量纲样本量

953 栋纽约办公建筑
2860 万 m²
平均值 2894 ± 43MJ/m²

7 栋认证级办公建筑
680000m²
平均值 3330 ± 170 MJ/m²

6 栋银级办公建筑
694000m²
平均值 3210 ± 260 MJ/m²

8 栋金级办公建筑
636000m²
平均值 2360 ± 120MJ/m²

单位面积能耗值 *EUI*（KBtu/sf）

图2-4　LEED认证的商业建筑与比非认证建筑的能耗对比 [18]

最大的办公类建筑的实际能耗进行数据分析，发现绿色建筑的实际运行能耗高低与星级关系度并不明显 [19]。本次研究还得到了两个具有启发意义的初步结论：第一，通过将绿色建筑样本的能耗统计结果与国家标准《民用建筑能耗标准》GB/T 51161-2016中的指标进行比对，接近70%的绿色办公建筑能耗可达到相应气候区下的能耗约束值，特别是在夏热冬冷地区和夏热冬暖地区，大部分绿色办公建筑实际能耗可接近GB/T 51161中的能耗引导值；第二，与国外绿色建筑的运行能耗相比，中国绿色建筑项目的实际能耗仅有LEED认证建筑能耗的1/2左右。

重庆大学丁勇等 [20] 对某绿色公共建筑项目进行调研，发现其运行能耗显著低于同类建筑；清华大学林波荣等 [21] 通过对国内部分绿色建筑案例的深入调研，发现目前我国绿色建筑总体能耗水平较低，部分项目已达到《民用建筑能耗标准》GB/T 51161-2016中的引导值水平，但不同类别的建筑能耗差异较大，其中A类绿色建筑在夏热冬冷地区有较为显著的节能效果，而B类绿色建筑与普通建筑相比节能效果并不显著（图2-5）。上海市建筑科学研究院杨建荣等 [23] 对夏热冬冷地区19个绿色建筑案例的实际能耗进行了深入研究，发现其建筑能耗算术平均值可达到《民用建筑能耗标准》GB/T 51161-2016的引导值，但同样是夏热冬冷地区的典型城市，上海和重庆的绿色建筑能耗算术平均值却存在着较大差异，这些方面尚需要进行深入的机理性研究。

综上所述，基于目前已开展的部分学术研究，我国已建成的绿色建筑相对于普通建筑，总体上呈现出了较为明显的节能效果，但在分类型、分区域和定量化研究方面，仍有待开展更为深入的评估研究。

绿色建筑性能后评估

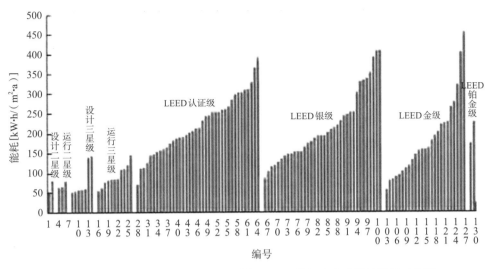

图2-5　林波荣关于我国绿色办公建筑与LEED认证办公建筑的能耗对比[21]

2.4.3　基于实证研究的绿色建筑运行能耗分析

（1）样本总体描述

本次调研的绿色建筑案例均为已获得绿色建筑评价标识或LEED认证的项目，样本数共计99个，覆盖严寒及寒冷地区、夏热冬冷地区和夏热冬暖地区三个主要热工分区，涉及办公、商业、酒店、住宅等主要建筑类型，案例的地域和类型分布见图2-6。为了更好地和普通民用建筑的运行性能进行对比研究，研究过程中采用了能耗统计、能源审计和能耗监测平台大数据挖掘等方式，对项目所在地的同类型普通民用建筑的能耗水平进行了背景值分析。

以办公类绿色建筑为例，覆盖的气候区分布、绿色建筑星级分布和建筑面积分布等特征情况汇总于图2-6～图2-8。可见，案例样本有76%位于夏热冬冷地区，其中获得绿色建筑二星级、三星级标识的项目数量分别占38%和56%，单栋建筑面积多分布在2万～4万m²范围。

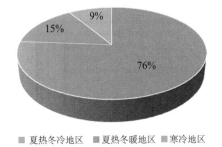

图2-6　样本的气候区分布

夏热冬冷地区　■夏热冬暖地区　■寒冷地区

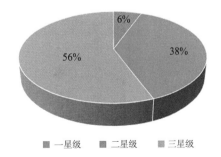

图2-7　样本的绿色建筑星级分布

■一星级　■二星级　■三星级

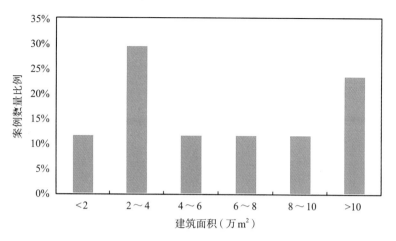

图2-8　样本的单体建筑面积分布

对于可能对绿色建筑运行能耗产生明显影响的节能技术，在选取样本的过程中也对其使用频度进行了研究，结果如图2-9所示，可见普遍采用的节能措施包括：高效照明、照明节能控制、高效冷热源机组和高效水泵等。

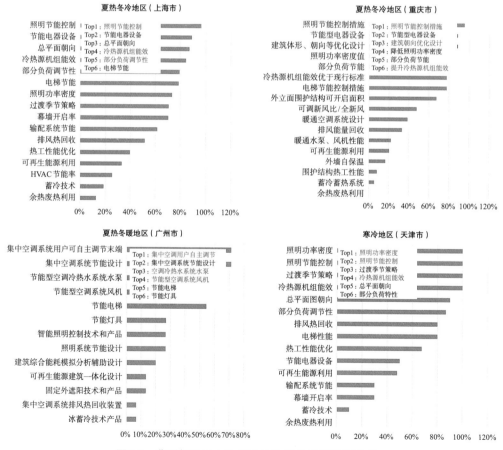

图2-9　典型气候区办公类绿色建筑的常用节能技术

（2）能耗调研结果

以夏热冬冷地区（上海和重庆）、夏热冬暖地区（广州和深圳）和寒冷地区（天津和北京）这6座典型城市的绿色办公建筑为例，通过深入调研其实际能耗、建筑使用人数、全年运行模式，得到其年单位建筑面积能耗，统计结果如图2-10所示，结果表明：

第一，夏热冬冷地区的29个项目单位建筑面积能耗算术平均值为65.1kW·h/（m²·a），可达到《民用建筑能耗标准》GB/T 51161的引导值要求，但不同项目之间差异较大，单位面积能耗分布区间为22～124kW·h/（m²·a），其中有4个项目未能达到GB/T 51161的约束值要求。

第二，夏热冬暖地区的13个项目单位建筑面积能耗算术平均值为65.0kW·h/（m²·a），可达到《民用建筑能耗标准》GB/T 51161的引导值要求。同样，不同项目之间差异较大，单位面积能耗分布区间为22～120kW·h/（m²·a），其中有1个项目未能达到GB/T 51161的约束值要求。

第三，寒冷地区32个项目单位面积能耗算术平均值为79.1kW·h/（m²·a），可达到《民用建筑能耗标准》GB/T 51161的约束值要求，单位面积年能耗分布区间为35.7～144kW·h/（m²·a）。

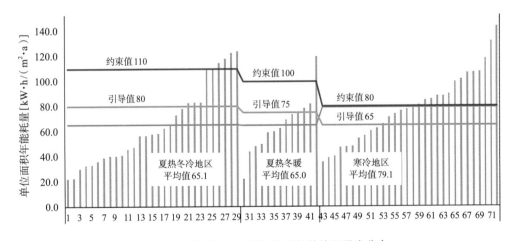

图2-10 典型城市办公类绿色建筑的能耗强度分布

2.5 绿色建筑能耗基准的制定原则

2.5.1 绿色建筑运行能耗的评价指标选取

通过对国内外能耗定额标准调研和文献调研，绿色建筑（公共建筑类）能耗评估的关键指标建议为用能强度指标（或单位建筑面积综合能耗）。

实际计算过程中，单位建筑面积综合能耗可用式（2-1）表示：

$$EUI = E/A \qquad (2-1)$$

式中 *EUI*——单位建筑面积运行能耗，kW·h/(m²·a)；

　　　　A——建筑面积，m²；

　　　　E——建筑年总能耗，kW·h。

选择 *EUI* 作为评价绿色建筑运营期能耗水平的主要指标，不仅仅可以实现不同建筑间的横向对比，也可对同一建筑的历史能耗数据进行纵向对比，一定程度上可反映出该绿色建筑的能效管理水平。

2.5.2 适用于绿色建筑的能耗基准定义方法

绿色建筑能耗基准的建立，宜采用基于样本数据的统计分析方法、典型训练模型的计算分析方法和对标分析方法。

首先，基于大量的建筑实际能耗数据，采用统计学方法给出建筑用能分布，初步确定建筑的能耗指标；其次，通过建立绿色建筑能耗训练模型，基于实际能耗数据进行模型校验，模拟绿色节能技术组合情景下的能耗基准值；最后，充分对标现有的用能指南或能源消耗限额标准，对基准值进行修正。具体的技术路径如图 2-11 所示。

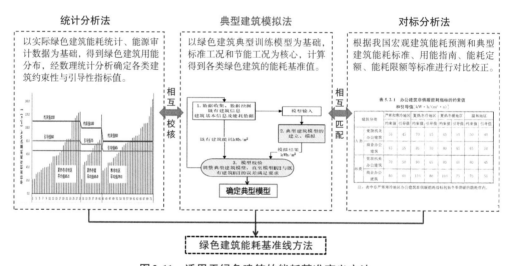

图2-11　适用于绿色建筑的能耗基准定义方法

在此过程中，准确建立绿色建筑能耗训练模型以及设计合理的节能情景，是其中的技术关键。

美国劳伦斯伯克利实验室的研究[24]提出，根据建筑类型、建筑规模、建筑年代和能源使用模式等可将美国商业建筑部门划分为37种类型。通过调研、建立典型模型、平均能耗校准等方法可构建典型建筑，以获得各类建筑的负荷，并估算热电联产技术的潜力。

绿色建筑典型建筑的建立和校验参考劳伦斯伯克利实验室的方法，其完整实施流程包括：第一步，进行相关标准和绿色建筑案例项目调研，收集建筑的能耗数据；

第二步，根据上述结果，建立符合所在地区特征的典型建筑；第三步，采用实际获取的能耗数据对典型建筑进行校验，不断优化直至满足校验误差标准；第四步，确定合理的节能情景，研究气象参数、行为模式和节能技术对能耗的影响，模拟绿色建筑在不同节能策略组合下的预期节能量；第五步，根据人员行为、节能技术应用频谱等确定能耗基准区间，并根据节能情景给出基准线修正因子。

2.5.3 夏热冬冷地区某城市绿色建筑能耗训练模型建立

（1）绿色建筑运行能耗特征分析

通过调研该地区绿色建筑样本的能耗分布情况，给出 B 类建筑的单位建筑面积年综合能耗分布，如图 2-12 所示。由于这些项目的建筑总面积中包含停车库面积，因此需要进一步调研建筑内各功能区的面积和能耗构成，并参考国家《民用建筑能耗标准》的方法，扣除建筑总面积中的停车库面积，并在能耗总量中扣除停车库、信息机房和厨房的能耗。重新计算的单位建筑面积年综合能耗指标分布如图 2-13 所示，能耗平均值为 107kW·h/（m^2·a），可达到《民用建筑能耗标准》GB/T 51161 的约束值。

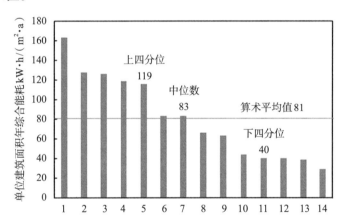

图2-12 夏热冬冷地区某城市 B 类绿色办公建筑单位建筑面积年综合能耗分布（原始值）

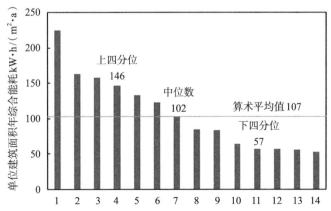

图2-13 夏热冬冷地区某城市 B 类绿色办公建筑单位建筑面积年综合能耗（修正值）

采用同样方法分析该城市A类建筑，可获得A类绿色办公建筑的能耗强度情况。最终得到该城市A、B类绿色办公建筑的能耗强度统计结果，以及与国家和地方能耗标准的对比情况，如表2-5所示。可看出，该城市选取的绿色办公建筑项目，其能耗平均值和中位数均可达到国家标准《民用建筑能耗标准》GB/T 51161的约束值，亦可达到地方标准对应的办公建筑的先进值。

该城市A类和B类绿色办公建筑案例能耗强度结果对比　　　　表2-5

单位：$[kW \cdot h/(m^2 \cdot a)]$

类型	能耗平均值（车库独立核算）	能耗平均值（车库包含在内）	《民用建筑能耗标准》约束值	《民用建筑能耗标准》引导值	地方合理用能指南的合理值	地方合理用能指南的先进值
A类	75	54	85	70	120	83
B类	107	81	110	80	156.6	110

（2）建筑节能设计参数确定

绿色建筑的节能设计应依据国家标准《公共建筑节能设计标准》GB 50189的规定执行。针对主要参数设置，通过收集和整理《公共建筑节能设计标准》（简称"2015版国标"）、《近零能耗建筑技术标准》（简称"近零能耗标准"）和部分省市节能设计标准，以夏热冬冷地区为例形成汇总表2-6。由该表分析，可知该城市地方节能设计标准中的外窗热工性能要求高于国家标准，而近零能耗技术标准对于围护结构要求则最为严格。

夏热冬冷地区公共建筑围护结构主要热工性能限值　　　　表2-6

围护结构部位		传热系数指标限值$[W/(m^2 \cdot K)]$		
		2015版国标指标	近零能耗标准指标	2015版地标节能指标
外墙	热惰性指标$D \leqslant 2.5$	0.6	0.15～0.4	轻质结构：0.6
	热惰性指标$D > 2.5$	0.8		普通结构：0.8
屋面	热惰性指标$D \leqslant 2.5$	0.4	0.2～0.45	轻质结构：0.4
	热惰性指标$D > 2.5$	0.5		普通结构：0.5
外窗（窗墙面积比）	＜0.2	3.5	2.2	2.2
	0.2～0.3	3		2.2
	0.3～0.4	2.6		2.0
	0.4～0.5	2.4		2.0
	0.5～0.6	2.2		1.8
	0.6～0.7	2.2		1.8
	0.7～0.8	2.0		1.5
	＞0.8	1.8		1.5

（3）典型建筑的建立及校准

通过深入调研，获取了该城市典型绿色建筑项目的建筑围护结构特性参数、几何尺寸、空调系统和其他系统的运行时间表、节能技术措施、照明系统、动力系统、能源费用账单、逐月分项能耗、室内人员数量、照明设备和室内办公设备参数等。

在此基础上，采用Energy Plus能耗模拟软件建立该城市的两类绿色办公建筑典型建筑，如图2-14所示，其中的A类和B类分别代表中小型办公建筑和大型办公建筑。根据《民用建筑能耗标准》的定义，A类公共建筑为可通过开启外窗方式利用自然通风达到室内温度舒适要求，从而减少空调系统运行时间，减少能源消耗的公共建筑；B类公共建筑为因建筑功能、规模等限制或受建筑物所在周边环境的制约，不能通过开启外窗方式利用自然通风，而需常年依靠机械通风和空调系统维持室内温度舒适要求的公共建筑。

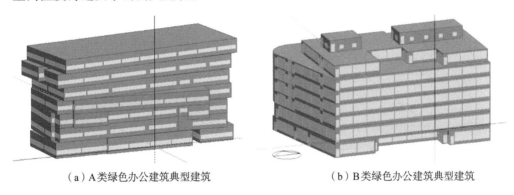

（a）A类绿色办公建筑典型建筑　　　　　　　　（b）B类绿色办公建筑典型建筑

图2-14　典型建筑能耗模型建立

典型建筑能耗模型的输入参数，根据所在城市调研获得的绿色办公建筑的平均水平确定。在模型校验过程中，需要在合理范围内对模型建筑的内部负荷、空调系统参数、空气渗透率等进行多轮次调整，以满足行业标准《公共建筑节能改造技术规范》JGJ 176–2009给出的误差允许范围（图2-15）。

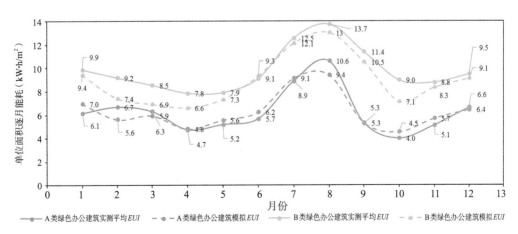

图2-15　A、B类绿色办公建筑能耗模拟逐月校验结果

逐月误差计算参考《实用建筑能耗模拟手册》第103页，表2-7和表2-8分别给出了该城市A、B类绿色办公建筑模型的能耗模拟值与实际值的逐月误差。校准后的能耗模拟值和实测值的逐月误差均控制在15%之内，满足《公共建筑节能改造技术规范》对建筑能耗模拟可接受的误差指标范围。

A类绿色办公建筑能耗模型逐月误差汇总

表2-7

单位：kW·h/m²

月份	1	2	3	4	5	6
A类建筑实测逐月单位面积能耗	6.1	6.7	6.3	4.7	5.2	5.7
A类建筑模拟逐月单位面积能耗	7.0	5.6	5.9	4.8	5.6	6.2
误差度	−13.1%	15.0%	5.6%	−1.4%	−7.6%	−10.1%
月份	7	8	9	10	11	12
A类建筑实测逐月单位面积能耗	8.9	10.6	5.3	4.0	5.1	6.6
A类建筑模拟逐月单位面积能耗	9.1	9.4	5.3	4.5	5.7	6.4
误差度	−2.5%	11.2%	−0.4%	−14.2%	−11.5%	2.7%

B类绿色办公建筑能耗模型逐月误差汇总

表2-8

单位：kW·h/m²

月份	1	2	3	4	5	6
B类建筑实测逐月单位面积能耗	8.6	8.1	8	7.2	7.4	8.7
B类建筑模拟逐月单位面积能耗	9.4	7.4	6.9	6.6	7.3	9.3
误差度	−9.3%	8.6%	13.8%	8.3%	1.4%	−6.9%
月份	7	8	9	10	11	12
B类建筑实测逐月单位面积能耗	11.7	13	10.8	8.1	7.3	8.5
B类建筑模拟逐月单位面积能耗	12.1	13.0	10.5	7.1	8.3	9.1
误差度	−3.4%	0.0%	2.8%	12.3%	−13.7%	−7.1%

校准后的A、B类建筑能耗模型，反映了该城市中小型和大型绿色办公建筑的平均能耗，可用于该城市绿色办公建筑能耗基准研究。经计算，A、B类建筑的单位建筑面积年综合能耗分别为75.6kW·h/(m²·a)和107.0kW·h/(m²·a)。

（4）绿色建筑节能情景设定

通过对所在城市绿色建筑常见节能技术措施的频次研究，可设置标准模型情景和3组节能情景，用以对绿色建筑能耗基准的浮动区间进行合理定义。

其中，"标准模型情景"的能耗模拟输入参数依据所在城市调研获得的绿色办公建筑的平均水平确定，围护结构热工性能和设备系统效率都优于《公共建筑节能设计标准》的强制性要求；"节能情景1"在满足《公共建筑节能设计标准》基础上，提升围护结构热工性能；"节能情景2"为围护结构设计优化、设备性能系统提升和部分措施提升；"节能情景3"为围护结构设计优化、设备性能系统提升和措施全面提升，同时进一步考虑人员行为节能。可见，从节能情景1到节能情景3的要求逐步提高，节能情景3可以认为是目前绿色建筑最理想的节能情景。

节能情景1、节能情景2和节能情景3的关键参数设置主要体现在如下几个方面：（1）外围护结构传热系数；（2）照明功率密度、空调系统主机性能系数、水泵和风机变频控制、排风热回收等；（3）人员行为节能和设备运行模式。

在标准模型的基础上，分别设定三组节能情景的输入参数，如表2-9所示。通过运行此前通过校准的典型建筑，可以得到相对于标准模型的节能率，汇总于表2-10。由表2-10可知，对应于三组节能情景，A类绿色商业办公建筑综合节能率分别为1.6%、8.0%和10.8%，B类绿色商业办公建筑综合节能率分别为2.3%、11.9%和17.2%。

A类绿色商业办公建筑节能情景参数表　　　　　　　　　　　表2-9.1

主要策略	指标或措施	标准模型情景	节能情景1	节能情景2	节能情景3
围护结构	外窗 [W/(m²·K)]	2.35	2.20	2.00	1.80
	外墙 [W/(m²·K)]	0.60	0.60	0.50	0.30
	屋面保温 [W/(m²·K)]	0.46	0.45	0.40	0.25
多联机	机组能源效率等级指标APF	4.29	4.3	4.4	4.5
空调末端系统	风机节能	定频	定频	定频	高效风机
照明系统	照明功率密度	9	8	7	6
照明控制	中午关灯	/	/	1.0h	1.0h
空调系统管理节能	部分负荷	/	/	延迟开启 0.5h	延迟开启 0.5h

B类绿色商业办公建筑节能情景参数表　　　　　　　　　　　表2-9.2

主要策略	指标或措施	标准模型情景	节能情景1	节能情景2	节能情景3
围护结构	外窗 [W/(m²·K)]	2.31	2.20	2.00	1.80
	外墙 [W/(m²·K)]	0.62	0.60	0.50	0.40
	屋面保温 [W/(m²·K)]	0.46	0.45	0.40	0.35
空调冷热源	大容量冷水机组	5.98	6	6.2	6.4
	锅炉	燃气锅炉（热效率92%）	燃气锅炉（热效率93%）	燃气锅炉（热效率95%）	冷凝锅炉（102%）
空调末端系统	风机节能	定频	定频	变频	变频+高效风机
	排风热回收	无热回收	无热回收	显热	全热
照明节能	照明功率密度	9	8	7	6
照明控制	中午关灯	/	/	1.0h	1.0h
空调系统管理节能	部分负荷	/	/	延迟开启 0.5h	延迟开启 0.5h

三组节能情景的综合节能率　　　　　　　　　　　　表2-10

		标准模型情景	节能情景1	节能情景2	节能情景3
A类	单位建筑面积能耗[kW·h/(m²·a)]	76.0	74.7	69.9	67.8
	节能率	—	1.6%	8.0%	10.8%
B类	单位建筑面积能耗[kW·h/(m²·a)]	107.0	104.6	94.3	88.6
	节能率	—	2.3%	11.9%	17.2%

（5）绿色建筑能耗基准中的行为节能影响

人员行为模式会对绿色建筑的实际运行能耗产生不同程度的影响。上海建筑科学研究院研究团队针对绿色建筑的人员行为模式开展了问卷研究，问卷设置24个大类、61个小类的问题，其中连续变量9个、分类变量52个，总计回收问卷约近300份，对夏季空调运行模式、冬季采暖运行模式、室内照明开启模式、办公电脑开启模式等进行了人员行为模式研究。

该城市的人行为调研结果显示了三个主要特征（图2-16）：

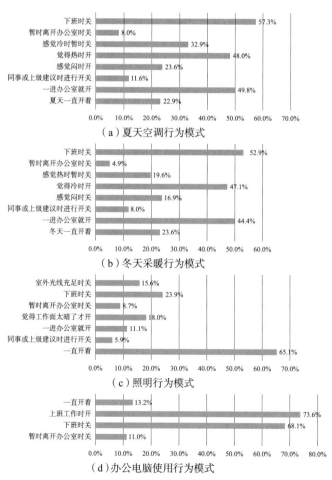

（a）夏天空调行为模式

（b）冬天采暖行为模式

（c）照明行为模式

（d）办公电脑使用行为模式

图2-16　办公楼人员行为模式分析结果

第一，空调末端设备：接近一半的人员在进入办公室时就开启空调或采暖末端，在下班离开办公室时就主动关闭；三分之一以上的人员有根据个体舒适度调整末端启停的行为；仅有23%左右的人员会选择始终开启空调采暖末端。

第二，照明设备：和空调开启的行为模式不同，超过三分之二比例的人员并不主动对工位所在的照明进行开关控制；仅有不足10%的人员会人走灯灭，约15%的人员会在自然采光充足时关闭照明灯具。

第三，电脑设备：办公电脑的使用习惯以上班工作时打开、下班关闭为主，仅有不到15%的人员采用长期开机模式。

为了掌握该城市典型办公建筑的运行时刻表，除了采用问卷调研的方法之外，还可以通过在室内标准层安装环境参数监测传感器的方式。通过对室内照度值的变化分析，也可以获得工作人员下班时间区间的分布规律，典型案例分析见图2-17。

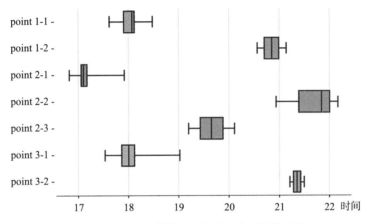

图2-17　典型办公建筑工作人员下班时间分布图

结合问卷调研和室内环境照度数据挖掘得到人员工作时间，可以将办公楼按加班强度分为不加班、弱加班和强加班三类情景（表2-11）。通过引入上述三种加班情景，在典型建筑中再次进行模拟计算，可以得到人员加班引起的能耗变化，见表2-12。

办公建筑人员工作时间情景　　　　　　　表2-11

工作时间情景1（标准情景）	工作时间情景2（弱加班情景）	工作时间情景3（强加班情景）
1/3加班到21点，空调下班关闭，照明21点关闭	整栋楼所有照明都到21点关闭，空调下班关闭	照明和空调均由物业统一在23点关闭

人员工作时间情景的能耗增加率　　　　　　表2-12

序号	情景	能耗增加率
1	标准情景	1.3%
2	弱加班情景	4.9%
3	强加班情景	9.7%

2.6 本章小结

能耗是决定绿色建筑实际运行性能优劣的重要评估指标。单就能耗而言，国内已发布了国家标准《民用建筑能耗标准》GB/T 51161-2016，各省市也出台了符合地方发展水平的建筑能耗定额、限额标准或合理用能指南，但对于绿色建筑尚缺乏针对性的实际用能基准。因此，本章主要从国内外本领域的行业实践和技术进展出发，对适用于我国绿色建筑发展的能耗基准制定原则和方法进行了初步分析。

在绿色建筑能耗基准方面，在综述国外建筑能耗基准的相关定义及欧美主要国家的相关政策及标准的基础上，本章重点剖析了我国建筑节能设计标准和建筑能耗标准的发展现状，以及建筑能耗基准指标制定方法和影响因素；进而提出了以统计分析法为基础、对标分析法为准绳、计算分析法为核心的绿色建筑能耗基准线制定技术路径；并以夏热冬冷地区某城市为例，给出了具有普适性的绿色建筑典型建筑的建立、校准和情景设计方法。

第3章

绿色建筑水耗后评估

3.1 国内外建筑水耗基准研究的相关进展

3.1.1 建筑用水定额的行业背景

据统计，我国每年城乡新建房屋建筑面积接近20亿m²，存量建筑面积接近400亿m²，建筑生活用水占城市总用水量的比例已达到60%。2017年，全国年用水总量为6043.4亿m³，其中，生活用水838.1亿m³，占用水总量的13.9%。相比于2016年，用水总量增加3.2亿m³，而生活用水量则增加了16.5亿m³，增速明显（数据来源于《中国水资源公报2017》）。可以预见，随着人民生活水平的不断提高，生活用水量将持续增大，提高节水意识、高效利用水资源已成为当下建设节约型社会的重要任务之一。

在实现节水的诸多环节之中，计划用水是首要也是核心，而建立科学的用水定额则有助于正确指导计划用水。因此，从现实出发制定建筑合理用水定额，对建立节水型社会、缓解水资源短缺现状、保障国民经济可持续发展具有深远意义。

通常提到的建筑水耗，是指为保证建筑正常运行和用户正常生产生活所需要消耗的总水量。而建筑用水定额则是在某个统计周期内，在一定的约束条件和一定范围内，对某个核算单元所规定的用水量限额。用水定额有三种形式，包括设计定额、统计定额和管理定额，三者定义不同，使用场景也有所差异。其中，设计定额经常出现在各种设计规范和设计文件中，是为了使设计的建筑或设施能够满足使用者的较高用水需求而参考的一种较"宽裕"的用水定额，如《建筑给水排水设计规范》GB 50015-2003（2009年版）、《室外给水设计标准》GB 50013-2018等标准规范中所采用的有关定额取值；统计定额是在统计报表或需水预测中出现，客观反映现状或将来的用水定额数值；管理定额即我们平常所说的用水定额，则是为政府计划用水和用水管理部门服务的。

用水定额管理从本质上说是进行水资源管理的一种科学管理方法，它不仅是管理部门进行统筹规划的重要指标，也是衡量各部门节水、用水成效的重要依据。从政府的层面上，用水定额表示在一定的时期内各用水单位所应遵守的用水量标准；从技术条件和管理水平上，用水定额表示在一定条件下，为合理利用水资源而制定的用水量标准；从时间的角度定义，用水定额表示在一定的时间内，城市各行业根据相应的核算单元所核定的合理用水量。

3.1.2 国外建筑用水定额的研究进展

通过检索国外相关文献资料，发现鲜有通过用水定额的概念来进行水资源管理的政策实践。国外在应对水资源短缺的问题时，较多采取水权管理制度、用水配额或限额、水价调节政策等或独立或结合的手段，来达到提高用水效率和节约水资源的目标。

在研究进展方面，目前国外主要从系统优化、用水效率、政策影响三个方面研究水资源的管理效能。其中，系统优化层面的研究主要包括水平衡测试、中水回用和提高水循环等内容，旨在从水资源管理的基础工作和基本措施入手，加强水资源的综合管理。用水效率的研究，主要是通过将用水定额管理与改善水环境相结合，实现用水效率提高的同时减少污水排放和水环境改善。

政策方面，国外许多国家对于水资源管理问题关注较早，根据当地用水情况制定相应水法[25]，有力地促进了水资源现代化管理和节约用水；严格的管理对水资源高效利用起到了积极的促进作用。以色列政府在1960年推出水资源开发许可证制度以及用水配额制度[26]。法国政府在1964年颁布的《法国水法》是法国对水资源利用和管理的根本依据，该法律将法国国内的河流进行划分，然后对水资源统一调配和管理[27][28]。由于该方法科学、高效，目前许多国家及地区纷纷效仿。美国对水资源的管理是由国家环保局的水办公室负责[29]，协调和支持水资源管理，并且研究、制定标准和执法。英国对水资源的管理是由环境国务大臣和威尔士事务大臣负责，对供水机构进行监督和指导，而在水权分配、水价、水质、水服务质量板块，则由非政府部门进行监管[30][31]。

日本实施水资源管理主要通过水资源分类以及分级价格体系。例如，日本国内知名的"水道协会"通过联合各主要供水单位开展水资源管理的相关研究，基于研究结果制定水价，并采用计量收费措施约束用水大户的用水量。在生活用水方面，根据水管口径和用水量两个标准来确定收费原则，收费标准与水管口径和用水量基本成正比关系。因此，日本社会的水价总体水平相对世界其他国家偏高，自来水的价格是巴黎的117%、伦敦的136%、纽约的325%[32]。

澳大利亚曾经对国内132座办公建筑的用水情况进行了统计分析，发现其平均用水量为 $1.125m^3/(m^2 \cdot a)$；英国统计分析得到的办公建筑平均用水量为 $1.08m^3/(m^2 \cdot a)$[33]。此外，国外推出的绿色建筑评估体系（例如美国LEED认证、英国BREEAM认证、日本CASBEE认证、澳大利亚Green Star认证等）中都对节水提出了定性或定量的技术指标，包含节约自来水用量、污废水处理和节水景观设计等内容，从中也可以看出国外建筑节水的主要措施。

美国的LEED标准在节水策略方面，主要关注建筑内用水器具、室外灌溉以及冷却塔节水；从得分条件来看，都是通过给出公式以及相应参数，计算项目用水量，依据其和基线值对比结果判定得分。英国的BREEAM标准相比于LEED体系，除了要求用水器具采用高水效标准外，还会根据所有用水器具的选型和相关用水参数，来计算建筑用水总量，通过对最终的水耗和节水效率的整体考察，更为客观地评价建筑的节水效果。德国的DGNB标准关注水需求和废水处理，并细分为4类，每个类别分别评价，然后整合数据计算得出评价数据，对比极限值与目标值，给出相应分数，在定性的基础上通过定量的方式判定得分。

总体而言，国外绿色建筑评估体系中对于节水定量分析的方式均采用公式法，对于不同的项目给出不同的基准线。德国DGNB标准还提供数据库，与全国同类项目用水量进行对比。

3.1.3 国内建筑用水定额的研究进展

（1）建筑水耗评价方法

用水定额是最严格的水资源管理制度核心内容之一，也是衡量各行业用水是否合理的重要标准。为了实现水资源的合理利用和严格管理，缓解水资源供需矛盾，早在1999年，水利部就下发了《关于印发工业及城市生活用水定额编制工作参考提纲的函》《行业用水定额参考资料》《关于加强用水定额编制和管理的通知》等文件，在全国范围内系统、全面地部署开展各行业用水定额编制和管理工作，并提出了用水定额编制的程序和方法。2001年，水利部下发了《关于抓紧完成用水定额编制工作的通知》，要求各地加快用水定额编制工作。2006年，国务院颁布了《取水许可和水资源费征收管理条例》，提出主要通过取水许可实现总量控制与定额管理，正式确立了用水定额的法律地位。2007年，水利部再次下发了《关于进一步加强用水定额管理的通知》，并颁布了《用水定额编制技术导则（试行）》，供各地编制用水定额时参考。2013年，水利部发布了《关于严格用水定额管理的通知》，要求将用水定额管理作为严格水资源管理、提高用水效率的重要依据[34]。

截至2019年，全国31个省市均已发布了地方用水定额标准，汇总如表3-1。由于我国幅员辽阔，各地气候差异大、降水量和经济发展不平衡等因素，可以看到各省市的建筑用水定额取值存在着较大的差异。

我国各省市已发布的用水定额标准一览		表3-1
省市区	标准规范或管理办法	发布时间
北京	北京市主要行业用水定额（北京市节约用水办公室）	2001
天津	城市生活用水定额 DB 12/T 158—2003	2003
上海	上海市城市公共用水定额及其计算方法　第二部分：单位内部生活 DB 31/T 680.2—2012	2012
重庆	重庆市城市经营及生活用水定额（渝市政委〔2006〕224号）	2006

省市区	标准规范或管理办法	发布时间
河北	河北省用水定额 DB 13/T 1161-2016	2016
山西	山西省用水定额 第3部分：城镇生活用水定额 DB 14/T 1049.3-2015	2015
内蒙古自治区	内蒙古自治区行业用水定额标准（修订）DB 15/T 385-2015	2015
黑龙江	黑龙江用水定额 DB 23/T 727-2017	2017
辽宁	辽宁省行业用水定额 DB 21/T 1237-2015	2015
吉林	吉林省用水定额 DB 22/T 389-2014	2014
山东	山东省城市生活用水量标准 DB 37/T 5105-2017	2018
河南	河南省用水定额 DB 41/T 385-2009	2009
湖北	湖北省工业与生活用水定额（修订）(湖北省人民政府发文)	2017
四川	四川省用水定额 DB 51/T 2138-2016	2016
广西壮族自治区	城镇生活用水定额 DB 45/T 679-2010	2010
江西	江西省城市生活用水定额 DB 36/T 419-2011	2011
江苏	江苏省城市生活与公共用水定额（修订）(江苏省住房和城乡建设厅编制)	2012
浙江	浙江省用（取）水定额(2015年)（浙江省水利厅发布）	2016
青海	青海省用水定额 DB 63/T 1429-2015	2015
陕西	陕西省行业用水定额 DB 61/T 943-2014	2014
宁夏回族自治区	宁夏回族自治区城市生活用水定额（试行）（宁夏回族自治区水利厅）	2008
甘肃	甘肃省行业用水定额2017版（甘肃省人民政府）	2017
广东	广东省用水定额 DB 44/T 1461-2014	2014
安徽	安徽省行业用水定额 DB 34/T 629-2014	2014
贵州	贵州省行业用水定额 DB 52/T 725-2011	2011
湖南	湖南省用水定额 DB 43/T 388-2014	2014
新疆维吾尔自治区	新疆维吾尔自治区工业和生活用水定额（2007）	2007
云南	云南省用水定额 DB 53/T 168-2013	2013
福建	行业用水定额 DB 35/T 772-2013	2013
海南	海南省用水定额 DB 46/T 449-2017	2017
西藏自治区	西藏自治区用水定额（西藏自治区水利厅）	2017

对各省市已公布的用水定额标准中的办公类数据进行横向比对，结果汇总于图3-1。可见，各地标准中关于办公用水定额的差异很大。定额最小值出现在新疆，仅有不足20L/（人·d），考虑到新疆处于严重缺水地区，严格控制用水定额有其现实意义；定额最大值出现在天津、重庆、湖北、江西和福建等省市，主要原因是这些省份的办公用水从统计口径上涵盖了员工食堂等其他用水。去除最大值和最小值后，其余各省市办公用水定额则较为接近，集中在40～60L/（人·d）的区间内。

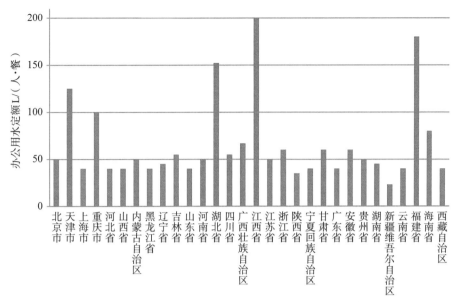

图3-1 各省市用水定额标准中的办公用水定额取值统计

选取各省市已公布的用水定额标准中的食堂用水定额进行横向比对，结果汇总于图3-2。最小值出现在江苏，最大值为北京，同样去除最大值和最小值后，各省市的食堂用水定额集中在15～22.5L/（人·次）的区间范围。

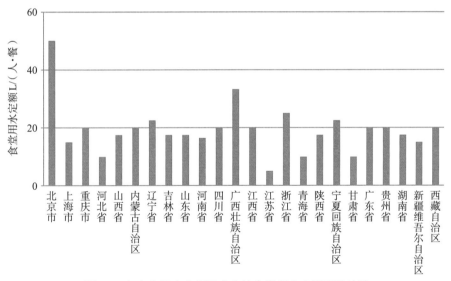

图3-2 各省市用水定额标准中的食堂用水定额取值统计

国内建筑给排水相关设计标准及节水设计标准中对于办公用水及食堂用水也有明确的取值范围，如表3-2所示。通过逐一比对不难发现，上述各省市关于办公用水定额的均值处于设计标准的范围内，但均明显高于节水设计标准规定的相关限值；在食堂用水定额方面，各省市食堂用水定额则显著小于设计标准，并且已基本达到民用建筑节水标准的相关限值。

给水排水设计标准中关于办公用水和食堂用水的设计定额　　表3-2

标准名称	办公用水定额	食堂用水定额
《建筑给水排水设计规范》GB 50015-2003（2009年版）	30～50L/（人·班）	20～25L/（人·餐）
《民用建筑节水设计标准》GB 50555-2010	25～40L/（人·班）	15～20L/（人·餐）

《建筑给水排水设计规范》GB 50015-2003（2009年版）以及《民用建筑节水设计标准》GB 50555-2010主要用于设计阶段的给水量计算，设计人员根据项目各用水点的用水规模和标准中对应的用水定额可以计算得到设计用水量。然而，建筑运行期的实际水耗，与建筑运行模式、使用人数、用水习惯和精细化管理程度有着极大的相关性，因此设计值和实际值往往存在较大偏离，因此有必要结合实际用水情况对建筑运行水耗进行深入研究。

（2）建筑水耗研究现状

国内近几年关于建筑运行水耗的公开发表成果，主要集中在建筑水耗定额分析以及建筑节水要素分析两方面。

天津大学研究团队于2010年统计了位于天津、贵阳和广州市的11幢办公建筑的运行期水耗，发现单位建筑面积平均水耗为$1.22m^3/(m^2·a)$。进一步地，根据统计学原理t检验法，发现在置信度为90%时，上述办公建筑的平均用水量在$0.967～1.478m^3/(m^2·a)$之间[35][36][37]。2007年北京市建筑能源审计报告显示，北京市国家机关建筑的单位面积水耗为$1.023m^3/(m^2·a)$，写字楼的单位面积水耗为$1.284m^3/(m^2·a)$[38]。此外，一项针对江苏省部分办公建筑的调查表明，参照《江苏省城市生活与公共用水定额》（2012年修订）规定，以$1.5m^3/(人·月)$作为参照标准，实际用水强度均有不同程度的超标现象[39]。

桂轶[40][40]、张海迎[41]通过对上海8栋商务楼的逐月水耗数据进行分析，得出相应的单位面积水耗的最大值、最小值、中位值及算术平均值，利用概率平均法计算定额值，得出办公区和餐饮区的定额基准值分别为$3.51L/(m^2·d)$、$17.93L/(m^2·d)$。马素贞[42]对于上海市某绿色二星级办公建筑进行运行阶段分析，得出建筑用水量会受到天气变化的影响，单位面积耗水量为$0.56m^3/(m^2·a)$，绿化浇灌用水量未达到节水设计标准要求且没有规律性。孙妍妍[43]对上海5栋绿色办公建筑进行研究，采用运行数据与定额对比分析，绿色建筑设计标识项目水耗高于节水定额，且大部分未按照设计图纸进行分项计量，水耗情况不佳，其中获得绿色二星运行标识的一栋建筑的单位面积水耗为$0.903m^3/(m^2·a)$。

在建筑节水要素分析方面，刘瑞菊、赵金辉、王恩茂等人[44][45]对办公建筑进行用水问卷调查和现场测试，分析影响高层办公楼用水的因素。结果表明，建筑使用年限、流动办公人数、建筑层数、配水点水压以及器具选用对高层办公楼的水耗会产生不同程度的影响。对于运行时间较长的建筑，建议进行给水系统节能改造，合理优化分区并采取减压措施，避免因超压出流引起的水量浪费。对于流动人员较多的商务办公楼，建议使用感应水龙头等节水性能好的用水器具。上海市于2011年颁布了地方标准《商业办公楼宇用水定额及其计算方法》DB 31T 567-2011，其计算方法是将商务办公楼宇分为办公区、餐饮区、超市商场区等不同业态区域，并为其确定相应的基准定额值，根据公式计算出其每平方米建筑面积月用水量定额。这部标准充分考虑了季节变化、节水器具、用水管理制度等对实际用水量的影响，在国内用水基准定额的研究方面具有引领性。

总体来看，国内关于建筑用水定额的研究仍主要集中在设计阶段，对于运行阶段的建筑实际水耗尚缺乏充分的数据基础。此外，各省市出台的用水定额多以单一上限值为主，仅有部分省市给出了弹性系数，这也体现了目前的用水定额多以管理者视角出发，较难体现各类建筑实际用水的个性化和差异化特征。

3.2 基于实证研究的绿色建筑运行水耗分析

3.2.1 样本总体描述

选取上海、成都、苏州、天津等地41栋绿色建筑的实际运行水耗进行了数据分析，建筑类型主要为办公建筑，也涉及部分学校建筑和展示建筑，在绿色建筑方面均已获得了二星级及以上的标识认证。

通过至少一年的建筑用水量分析，发现上述项目的单位建筑面积的年用水量在$0.13 \sim 2.64 \mathrm{m}^3/(\mathrm{m}^2 \cdot \mathrm{a})$之间，如图3-3所示。可见若仅从单位面积指标来看，不同建筑之间的数据分散度极大，难以识别其规律特征，应充分考虑建筑使用功能、使用人数以及节水设备措施性能等因素。

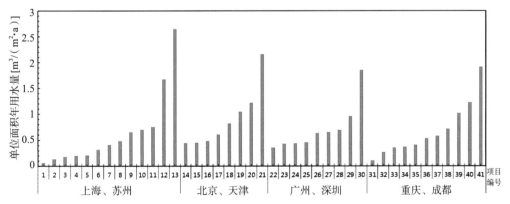

图3-3 部分典型绿色建筑的年单位建筑面积实际用水量分布

3.2.2 样本水耗情况

以某城市获得绿色建筑运行评价标识的10个办公项目（以A-J编号）为样本做进一步的研究，将其功能类型、建筑面积和节水器具等级汇总于表3-3，各项目的人均日用水量统计结果见图3-4。

某城市开展调研的绿色办公建筑项目列表　　　　　　　　表3-3

项目名称	功能类型	建筑面积（m²）	节水器具等级
项目A	自用办公	44912	1级
项目B	自用办公	37161	2级
项目C	自用、出租办公	43245	2级
项目D	出租办公	32216	2级
项目E	自用办公	21994	2级
项目F	自用、出租办公	181140	1级
项目G	出租办公	12254	1级
项目H	出租办公	109611	2级
项目I	出租办公	23612	2级
项目J	出租办公	144000	2级

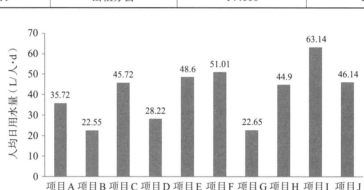

图3-4　某城市开展调研的绿色办公建筑项目的人均日用水量

可见，除项目F和项目I外，其余8个项目在运行期间的人均日用水量指标均可达到《建筑给水排水设计规范》GB 50015-2003（2009年版）的限值要求，但其中仅有4个项目可以达到《民用建筑节水设计标准》GB 50555-2010指标要求。可以看到，即便对于采用了较多节水措施的绿色星级建筑，实测人均用水指标距离节水设计标准仍然存在一定差距。

调研的10个绿色办公建筑中有6个设有食堂，食堂具体情况见表3-4，考虑到食堂用水对办公用水定额存在干扰，应进一步对食堂用水进行拆分。结果显示，在食堂水耗这项指标上，不同项目之间的差异并不显著，均值为21.4L/（人·餐）（图3-5）。其中项目G符合节水设计标准，其余5个项目略超过节水标准限值20L/（人·餐）。但仍可满足《建筑给水排水设计规范》GB 50015-2003（2009年版）的定额区间。

某城市开展调研的绿色办公建筑项目的食堂用水特征		表3-4
项目名称	食堂供餐次数	供餐形式
项目A	3餐（早晚人少，中午人多）	自助餐
项目B	2餐	套餐
项目E	2餐	套餐
项目F	2餐	套餐
项目G	3餐（早晚人少，中午人多）	自助餐
项目I	3餐（早晚人少，中午人多）	套餐

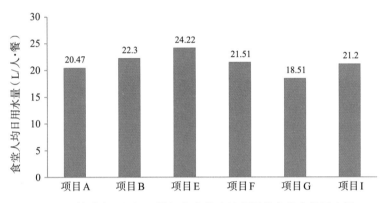

图3-5 某城市开展调研的绿色办公建筑项目的食堂人均用水量

3.3 绿色建筑水耗基准的制定原则

3.3.1 实际用水基准模型

以办公建筑为例，其用水分项通常包括办公用水、食堂用水、空调用水、室外杂用水等，其中，用水量最为集中的是办公用水和食堂用水两个大类。因此，在绿色建筑的水耗基准研究中，重点是办公和食堂用水分项基准。

研究表明，办公用水、食堂用水的首要影响因素是使用人数，次要影响因素则包括建筑运行时间、节水器具等级、访客数量、访客评价停留时间等。因此，关于绿色办公建筑水耗基准的制定原则，应以标准中给出的各类用水定额取值为基础，结合项目实际运行数据的特征分析，确定符合该栋建筑自身属性的合理用水范围，并建立相应的修正因子。

绿色建筑水耗基准可通过式（3-1）计算得出：

$$Q = \alpha \frac{mt_1}{1000}A + \beta \frac{nt_2}{1000}B + C + t_3 D \qquad (3-1)$$

式中 Q——绿色建筑年用水总量基准值，m^3/a；

　　A——办公用水定额，L/（人·d），取值参考《民用建筑节水设计标准》GB

50555-2010中上限和下限的平均值；

B—— 食堂用水定额，L/（人·次），取值参考《民用建筑节水设计标准》GB 50555-2010中上限和下限的平均值；

C—— 室外杂用水，m^3/a，取值参考《民用建筑节水设计标准》GB 50555-2010中计算方法及定额参数；

D—— 空调用水，m^3/d，取值参考《民用建筑节水设计标准》GB 50555-2010中计算方法及定额参数；

α—— 办公用水量修正因子；

β—— 食堂用水量修正因子；

m—— 建筑常驻人数，人；

n—— 食堂用餐人数，人·次；

t_1—— 办公运行天数，d；

t_2—— 食堂运行天数，d；

t_3—— 冷却塔运行天数，d。

3.3.2 办公用水分项基准

通过对本章3.2.2所选取的某城市10座具有典型性的绿色办公建筑调研数据深入分析，获得办公分项水耗规律和特征如图3-6所示。其中，对访客人数和节水器具等级这两个因素对办公用水量的影响分别进行了关联度分析，可以看出，访客量较少的情况下，办公用水的总量维持在相对较低的水平；但当访客人数变多及访问时间增长时，办公用水量则明显升高。在人数固定的情况下，采用不同节水等级的用水器具，理论上节水等级越高则水耗越小，而访客人数和办公建筑的类型会同时对水耗进行影响，导致特征不显著。

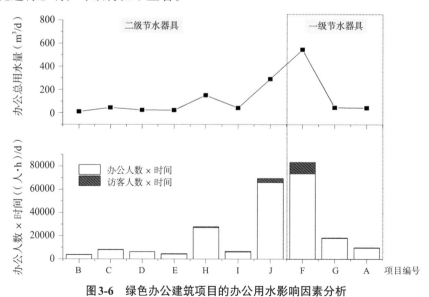

图3-6　绿色办公建筑项目的办公用水影响因素分析

鉴于办公用水分项主要为盥洗用水、冲厕用水及饮用水，可参考LEED V4标准中"室内用水减量"条文的计算内核建立该建筑的总用水量计算模型，即：每个器具类型的日用水量＝器具冲洗速度或流速×使用持续时间×用户×每人每日使用次数。对于常驻员工的使用频次和时间设置固定参数，从而确定建筑内用水基本情景，进而根据节水器具等级的不同，计算建筑室内用水量的数值。

需要说明的是，该计算方法中，建筑内部用水量主要考虑了节水器具等级、建筑用水人数的影响。实际使用情况下，办公建筑使用人员还分为常驻用户和访客，访客比例较高同样会影响建筑最终的水耗。

综上所述，绿色建筑中办公用水分项的实际用水强度，受到访客数量和频次、节水器具等级、办公类型等因素的综合影响。通过对目前样本案例的数据分析，建议本章3.3.1中提出的绿色建筑水耗基准公式中的办公用水量修正因子 α 的取值区间为0.7～1.7。

3.3.3 食堂用水分项基准

如前所述，调研项目中有6个设置了食堂。根据图3-7可以看出，食堂采用自助餐的供餐形式时，用水量会显著大于同样条件下采用套餐形式的用水量。与办公分项用水的分析结果类似，高等级节水器具的使用同样有助于减少食堂部分的用水量。

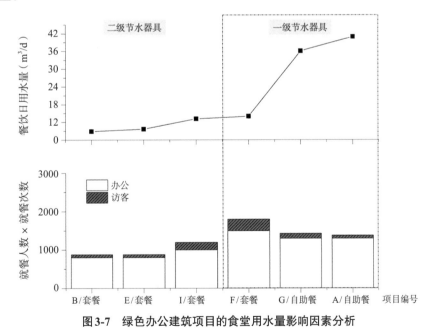

图3-7 绿色办公建筑项目的食堂用水量影响因素分析

绿色建筑中食堂用水分项的实际用水强度，受到访客数量和频次、供餐形式以及节水器具等因素的综合影响，通过对目前样本案例的数据分析，建议本章3.3.1中提出的绿色建筑水耗基准公式中的食堂分项用水量修正因子 β 的取值区间为 0.9～1.5。

3.3.4 其他用水分项基准

在本章 3.3.1 提出的绿色建筑的用水分项公式（3-1）的 C 项中，还包括绿化灌溉、道路浇洒、车库用水、空调系统用水等部分。

其中，灌溉用水受到气候波动和物业管理习惯影响明显。从实际调研数据来看，也证实不同项目的单位绿地灌溉用水指标的实测值差异很大。从横向可对比角度，绿色建筑水耗基准中的灌溉用水基准建议直接采用《民用建筑节水设计标准》GB 50555-2010 中的定额计算方法，定额如表 3-5 所示，即：

$$C = 绿化面积 \times 节水定额 / 灌溉天数 \tag{3-2}$$

浇洒草坪、绿化平均灌水定额 [m³/(m²·a)]   表 3-5

草坪种类	灌水定额	
	一级养护	二级养护
暖季型	0.28	0.12

建筑空调用水量（特指冷却塔补水量）相对稳定，实际耗水量与系统设计形式及运行时间密切相关。因此，绿色建筑水耗基准中的空调用水量基准也可直接采用《民用建筑节水设计标准》GB 50555-2010 中的计算方法，即：

$$D = 冷却塔循环水量 \times (1\% \sim 2\%) \times 日运行时间 \tag{3-3}$$

3.3.5 案例验算

本章节提出的绿色办公建筑水耗基准值方法适用于办公类建筑，根据公式计算得到的水耗基准值可认为是符合特定使用特征的绿色办公建筑的平均用水强度。根据基准值计算公式，以下选取两个绿色办公建筑作为实际案例进行验算，并与建筑实际计量得到的水耗数据进行比对。

（1）案例 1

该项目为自持型绿色办公建筑，位于上海市浦东某园区，建筑面积为 7 万 m²，地上 10 层，地下 3 层。建筑冷热源取自园区能源站，场地内未设置冷却塔，楼内采用了水效等级为 1 级的节水器具。建筑内常驻人员约 700 人，一周工作日为 5d，每日工作时长为 8h。建筑平均访客人数比例为 20%，平均访问时长约为 2.5h/次。建筑内设置了员工食堂，提供自助餐，每日供两餐，常驻人员基本均在食堂就餐。场地内绿地面积较少，未设置屋顶绿化，绿地总面积约为 1300m²。

基于前述的水耗基准值计算方法，将项目的设备参数和运行情况代入公式，核算出适用于该项目的年总用水量基准值应为 9598m³/a，办公用水单位水耗为

32.76L/（人·d），餐饮用水单位水耗为19.60 L/（人·次）。根据水表计量得到的实测数据，建筑实际年总用水量为10157m³/a，办公用水单位水耗为33.6L/（人·d），餐饮用水单位水耗为20.3 L/（人·次），偏差值为5.8%。

（2）案例2

该项目也是自持型办公建筑，位于上海，总建筑面积为10.5万m²，地上11层，地下3层。空调冷热源来自于大楼自建机房，卫生器具均采用1级节水器具。建筑内常驻人员数量约1750人，访客比例为25%，访客停留时间为3h/次。建筑内设置自助食堂，每天约1500人就餐。场地绿化总面积约为40000m²。

将项目参数代入基准值计算公式，核算出建筑年总用水量基准值为29686m³/a，办公用水单位水耗为35.10L/（人·d），餐饮用水单位水耗为19.60L/（人·次）。建筑实际年总用水量为27759m³/a，办公用水单位水耗为37.7L/（人·d），餐饮用水单位水耗为19.2L/（人·次），偏差值为6.5%。

综合以上两个案例的试算结果，可知根据本章提出的绿色建筑实际水耗基准值方法计算得到的基准值，与实际水耗数据差距在±10%范围内，说明该方法具备较强的实用价值。进一步对分项基准值的达标情况进行比对发现，案例1的年用水总量高于基准值，办公、食堂用水量也高于基准值，因此该案例室内用水存在一定的节水空间；在案例2中，尽管年用水总量低于基准值，但办公部分的分项用水量高于基准值，适宜采取一些办公节水的改造措施。

3.4 本章小结

本章主要从国内外本领域的行业实践和技术进展的分析入手，对适用于我国绿色建筑发展国情的水耗基准制定原则和方法进行了初步探讨。在对国内办公建筑用水情况进行现状摸底的基础上，选取上海、苏州、北京等地的40余个绿色办公建筑项目开展了运行水耗的入楼调研，发现绿色建筑实际用水量受运行模式、使用人数、管理水平影响较大；也探索性地提出了基于实证研究的绿色建筑水耗基准制定方法，并以办公分项用水、食堂分项用水和其他分项用水为例，给出了分项基准的确定方法和修正因子选取原则，并通过两个实际项目进行了校验。

第4章
绿色建筑室内环境后评估

4.1 国内外建筑室内环境评价标准综述

建筑物使用者直接可感受的室内环境，其主要参数包括噪声、光照、温湿度以及空气质量等几个方面。构建室内环境综合性评价体系，需要对上述影响舒适性和健康性效果的因素进行关键指标研究，进而建立科学的评价标准体系。

4.1.1 国外相关标准

目前，世界各国建立的绿色建筑评价标准，如美国绿色建筑委员会的LEED和英国建筑研究所的BREEAM，都提出了针对运营期的建筑绿色性能评价体系，其中均将室内环境质量列为一个独立的板块，建立了系统的评价指标和评价方法。LEED针对运营认证的体系是LEED O+M（Operation and Maintenance）体系，在室内环境质量部分重点关注了建筑主要空间的新风量指标、空气监控、采光视野、室内照明质量等方面，也关注绿色清洁政策制定和实施效果等内容。BREEAM针对既有的非住宅类建筑也推出了BREEAM InUse的标准，旨在提升建筑物的环境性能和管理水平。该体系包括3个模块，分别是建筑物资产评估、管理水平评估和使用者评估，既可独立评估亦可组合评估，体现了注重多主体评价的特点。其中，模块1的建筑资产评估的对象是建筑的持有者，必须在建筑投入使用满2年后进行；模块2的建筑管理水平评估的对象是建筑的物业管理者，必须在建筑投入使用至少满1年后进行；模块3的建筑使用者管理评估的对象是建筑的使用者，也必须在建筑投入使用至少满1年后进行。

国际健康建筑研究院（International WELL Building Institute，简称"IWBI"）在2014年推出了WELL建筑评价标准，首次明确提出从使用者的视角对建筑物的运行性能进行评估，是世界上第一部体系较为完整、专门针对人体健康的建筑认证与评价标准。WELL标准更多地关注建筑内部环境健康，是世界上首部关注建筑环境中人的健康和福祉的建筑评价标准，也是一部基于性能的建筑评价标准，它针对空气、水、营养、光、健身、舒适和情绪七大方面指标进行测量、认证和监测。与我国的绿色建筑评价标准相对比，WELL标准在室内环境方面有很多共同的关注要素，但

绿色建筑性能后评估

大部分指标取值（室内污染物浓度、水质、照度和噪声等）都比国内更为严格。

人们感知的室内环境涉及的要素众多（部分要素如表4-1所列）。为了深入剖析相关标准的具体要求，本书对组成室内环境的诸多单项评价标准逐一综述，包括声环境、光环境、热湿环境、空气质量环境。

国外相关标准中室内环境方面的评价要求对比表　　　　　　表4-1

国家	美国		英国
标准	LEED O+M	WELL	BREEAM InUse
制定单位	美国绿色建筑委员会（USGBC）	国际健康建筑学会（IWBI）	英国建筑研究所（BRE）
评价对象	既有建筑（运行阶段）	新建建筑、既有建筑	既有建筑（运行阶段）
评价方式	总分制	总分制	3个子系统，1个KPI
有关室内环境质量评价内容	新风量指标、空气污染物管控、空气质量监控、增强通风、采光与视野、室内照明质量、绿色清洁、使用者调查	新风量指标、室内空气质量、污染物控制、霉菌监测、采光与视野、室内照明质量、光对生物钟的影响、噪声	温湿度、空气质量、照度水平、声学、个人或分区控制系统、员工满意度、工作效率等
评价特点	主观客观相结合	客观性能测定为主	主客观相结合

（1）声环境

针对声环境评价，世界各国和国际组织已先后发布了一系列的声环境质量标准，包括美国1972年颁布的《噪声控制法案》（The Noise Control Act）；1978年的《安静社区法案》（Quiet Communities Act）修正了《噪声控制法》的部分内容，以增加联邦机构之间的协调；1974年美国环境保护署（EPA）发布的《在留有适当余量前提下为保护公众健康和福利所需要的噪声水平》（Information on levels of environmental noise requisite to protect public health and welfare with an adequate margin of safety）（噪声基准）；住房和城市发展部标准（24 CFR Part 51）等。日本环境厅第64号令发布的《噪声环境质量标准》（Environmental Quality Standards for Noise），按区域类型规定了环境噪声限值，同时对路旁地区、交通干线两侧区域有补充规定，限值有所放松。世界卫生组织（WHO）于1999年和2018年先后发布的《社区噪音指南》和《欧洲环境噪声指南》。加拿大标准协会制定的一系列工作场所噪声控制、振动控制和职业听力的相关标准。澳大利亚和新西兰于2014年从听力评估的角度制定的《Occupational noise management-Auditory assessment》等。

2011年，美国制冷和通风空调工程师协会（ASHRAE）给出了一组较为完整的各类功能房间的室内背景噪声建议控制指标，具体内容详见表4-2。

（2）光环境

在天然采光方面，LEED认证采用了$sDA_{300/50\%}$作为衡量建筑室内空间全年天然采光性能的指标。$sDA_{300/50\%}$作为美国照明工程学会（IES）推荐的衡量标准，用来表述空间所有水平照度计算点中，在1年内（按10h/d计算）超过50%的时间仅依靠

ASHRAE公布的各类建筑室内背景噪声建议值 表4-2

建筑类型	房间名称	NC/RC	dB（A）	dB（C）
办公楼	行政、私人办公室	30	35	60
	会议室	30	35	60
	电话会议室	25	30	55
	开敞办公室	40	45	65
	走廊、大厅	40	45	65
艺术表演建筑	剧场、音乐厅、演奏厅	20	25	50
	音乐教学工作室	25	30	55
	音乐练习室	30	35	60
医院和诊所	诊室	30	35	60
	病房	35	40	60
	手术室	35	40	60
	走廊、大厅	40	45	65
教堂、寺院和学校	教室	30	35	60
	有扩音设备的大型演讲厅	30	35	60
	没有扩音设备的大型演讲厅	25	30	55
图书馆	—	30	35	60
体育类建筑	体育馆、游泳馆	45	50	70
	有扩音设备的大容量空间	50	55	75

天然采光就达到300lx的百分比。从得分设定上，LEED标准对sDA$_{300/50\%}$依据比例高低予以赋分，分为55%、75%以及90%三个标准。

除了LEED标准之外，日本、英国、俄罗斯等国也对不同建筑类型所应达到的室内天然采光系数提出了限值要求，表4-3是相关国家制定的室内采光标准值汇总情况。

各国主要建筑类型所对应的室内采光系数指标 表4-3

建筑类型	房间名称	日本	英国	俄罗斯
		采光系数（%）	采光系数（%）	采光系数最低值（%）
住宅建筑	起居室	0.7	1.0	—
	卧室	1.0	0.5	0.5
	厨房	1.0	2.0	0.5
	卫生间	0.5	—	0.3
	走道	0.3	0.5	0.2
	楼梯间	0.3	1.0	0.1

建筑类型	房间名称	日本	英国	俄罗斯
		采光系数(%)	采光系数(%)	采光系数最低值(%)
教育建筑	教室、实验室	1.5～2.0	2	1.5
	阶梯教室	—	2	—
	走道、楼梯间	—	—	0.2
医疗建筑	药房	—	3.0	—
	检查室	1.5	—	—
	候诊室	1.0	2.0	0.5
	病房	1.5	1.0	—
	诊疗室	2.0	—	1.0
	治疗室	—	—	0.5
办公建筑	办公室、会议室	2.0	2.0	1.0
	设计室、绘图室	3.0	—	2.0
	复印室、档案室	—	—	0.5
图书馆建筑	阅览室、开架书库	2.0	1.0	1.0
	目录室	—	2.0	0.5
	书库	1.0	—	—
旅馆建筑	客房、大堂	—	1.0	0.5
	会议室	1.5	—	侧面0.5，顶部2.0

（3）热湿环境

在热湿环境方面，美国ASHRAE 55-2010标准采用了实验法和计算法确定室内舒适区范围。其中，实验法确定的夏季舒适区为温度22.5～27℃、相对湿度25%～65%；冬季舒适区为温度20～24.5℃、相对湿度20%～70%。计算法则是通过计算PMV（Predicted Mean Vote）值，保证PMV在±0.5范围之内，对于湿度限度并无明确规定。ASHRAE 55-2017版，则在第5部分提出在建筑和某些区域确定热环境条件（温度、湿度、风速和辐射效果）的方法，根据人员密度的不同，提出了合理的变化率和穿衣水平。

ISO 7730-2005[46]中规定PMV-PPD指标的推荐值在−0.5～+0.5之间，即允许人群中有10%的人感觉不满意。其对应的夏季舒适区为：操作温度在23～26℃（24.5±1.5℃），相对湿度介于30%～70%，平均风速$v \leqslant 0.25 \text{m/s}$；冬季舒适区为：操作温度在20～24℃（22±2.0℃），相对湿度介于30%～70%，平均风速$v \leqslant 0.15 \text{m/s}$。

ASHRAE 54-1992[47]中给出了热舒适的定义，认为热舒适是一种人体对热环境表示满意的意识状态，是通过自身的热平衡和感觉到的环境状况综合起来获得是否舒适的感觉，是生理和心理上的综合感觉。除了皮肤温度和核心温度外，还有一些其他的物理因素会影响热舒适，如空气湿度、垂直温差、吹风感等。在对热环境舒适度的研究中，可采用冷热舒适感（7级标尺，$-3 \sim 3$）、湿度舒适感（5级标尺，$-2 \sim 2$，见表4-4）及综合舒适感（5级标尺，$-2 \sim 2$，见表4-5）作为评价指标。

湿度舒适度5级标尺　　　　　　　　　　　表4-4

+2	+1	0	1	−2
干燥	比较干燥	适中	比较湿润	湿润

热环境综合舒适感5级标尺　　　　　　　　　表4-5

+2	+1	0	1	−2
无法忍受	很不舒适	不舒适	稍不舒适	舒适

目前，学术界应用比较广泛的是丹麦学者Fanger教授提出的 PMV-PPD[48] 评价方法。Fanger教授基于大量实验数据，率先提出人体热舒适性方程，并基于 ASHARE 七级标尺评价标准，结合 Kansas 州立大学实验所得到的人体新陈代谢率及相应的主观热感觉数据，建立了 PMV-PPD 热舒适评价理论。当然，PMV-PPD 指标也有其局限性。由于是Fanger教授在人体处于舒适环境情况下进行实测得到的结果，对于偏离舒适的情况，该评价准则就不完全适用；并且该方法没有考虑人体性别差异、地区差异和年龄差异等因素。

ASHRAE 54、ISO 7730两种热舒适度设计标准目前得到了较为广泛的应用，见表4-6所示。两者均考虑了服装的热阻定值、人体代谢率对体感环境的影响，适用条件为从事轻体力活动，并且大量研究都表明PMV热舒适模型在空调建筑中的预测准确率高于自然通风建筑。由于当今社会人们的工作环境越来越多样，原有限定工况的热舒适评价标准的适用范围已然受到限制，因此拓宽适用范围将是今后标准的主要更新方向之一。

热环境等级划分标准（ISO 7730-2005）　　　　　表4-6

等级	预计平均热感觉指数 PMV	操作温度		预计不满意率PPD（%）	最大风速（m/s）	
		夏季	冬季		夏季	冬季
A	$-0.2 < PMV < +0.2$	$24.5 \pm 1.0℃$	$22.0 \pm 1.0℃$	< 6	0.12	0.10
B	$-0.5 < PMV < +0.5$	$24.5 \pm 1.5℃$	$22.0 \pm 2.0℃$	< 10	0.19	0.16
C	$-0.7 < PMV < +0.7$	$24.5 \pm 2.5℃$	$22.0 \pm 3.0℃$	< 15	0.24	0.21

（4）室内空气质量

目前在室内空气质量评价方面，研究较为成熟的指标包括CO_2浓度、颗粒物浓度及甲醛等污染物浓度等。

根据文献调研，国际组织关于CO_2浓度限值和限定范围见表4-7，相关设计标准见表4-8。可见，除了香港之外，主要国家和地区的建筑室内CO_2浓度限值均取1000ppm。

国际组织制定的室内CO_2浓度限值和限定范围汇总　　　　　　表4-7

CO₂浓度限值		阈值含义	文献来源
mg/m³	ppm		
1350	750	5.8%人可感不快的最低阈值	EUR13779 EN, 2007[16] EUR 15251 EN, 2007[17]
1080	600	USAF警戒值	USAF Armstrong Laboratory, 1992
1440	800	OSHA警戒值	OSHA: Federal Register, 1994
1800	1000	长期接触理想上限； 可接受极限	WHO, 2000 BSR/ASHREA, 1989
2000	1110	非工业房屋的非关注浓度	WHO, 1992
2160	1200	短期接触理想浓度上限	WHO, 1987
4350	2420	可自适应哮喘病人最高容许浓度	BSR/ASHREA, 1989
6300	3500	长期可接受浓度	Envir, Health Direct Canada, 1989
7000	3890	非工业房屋的关注浓度	WHO, 1992
9000	5000	长期暴露极限（8h）； 长期可耐受浓度	HSE of Great Britain, 1990; USSR space research
18000	10000	短期可耐受浓度	USSR space resrach

部分国家或地区设计标准中的室内CO_2标准　　　　　　表4-8

国家或地区	加拿大	美国	巴西	日本	新加坡	中国香港地区
标准值（ppm）	1000	1000	1000	1000	1000	800
标准来源	NHMRC	ASHREA	ANVISA Resolution No. 9, 2003	健康与福利部	Singapore, 1996	Guides for Management of IAQ, 2019

在颗粒物控制方面，WHO[49]准则最早于1987年提出了大气颗粒物环境质量准则（Air Quality Guideline for Particulate Matter，简称PMAQG），此后，分别于2000年和2005年进行了修订。PMAQG依据的是以PM2.5作为指示性颗粒物的研究成果。然而，由于单一的PM2.5准则值与粗颗粒物的健康危害不直接相关，WHO也推荐了相应的PM10空气质量准则，并给出了中间目标值。每个准则值及中间值都附加了环境健康风险，明确指出了长期慢性暴露的健康风险要高于短期急性暴露的健康风险，见表4-9，为全面完善室内环境空气质量标准提供了依据。

WHO 准则中关于 PM2.5 和 PM10 的浓度依据　　　　表 4-9

准则值		统计方式	PM10（μg/m³）	PM2.5（μg/m³）	选择浓度的依据
目标值	1T-1	年均浓度	70	35	长期暴露在此水平下，比标准值约多 15% 的死亡危险
		日均浓度	150	75	短期暴露会增加约 5% 的死亡率
	1T-2	年均浓度	50	25	与 1T-1 相比，会降低约 6%[2%～11%] 的死亡风险
		日均浓度	100	50	短期暴露约提高 2.5% 的死亡率
	1T-3	年均浓度	30	15	与 1T-2 相比，会降低约 6%[2%～11%] 的死亡风险
		日均浓度	75	37.5	短期暴露会增加约 1.2% 的死亡率
准则值		年均浓度	20	10	长期暴露，总死亡率、心肺疾病死亡率和肺癌的死亡率增加（95% 以上的可信度）
		日均浓度	50	25	建立在 24h 和年均暴露安全的基础上

资料来源：WHO[49]，2005.

　　美国先后于 1987 年、1997 年、2006 年和 2012 年对制定于 1971 年的颗粒物环境空气质量标准进行了 4 次修订。其中，PM10 限值自 1987 年确定后，其 24h 平均浓度限值始终保持在 150μg/m³，2006 年则取消了年平均浓度限值。PM2.5 限值的一级标准对应的年平均浓度限值则由 15μg/m³ 提高至当前的 12μg/m³，提升了 20%；二级标准对应的年平均浓度限值则保持 15μg/m³ 不变。一级标准和二级标准对应的 24h 平均浓度限值标准也由 65μg/m³ 提高至了当前的 35μg/m³，提高幅度达到了 46%。在颗粒物研究方面，污染控制方向也转向细颗粒物研究，以 PM10 与 PM2.5 为主。表 4-10 列举了的美国空气质量标准制修订情况。

美国历次修订的空气质量标准中关于颗粒物浓度限值的变化　　　　表 4-10

时间	标准类型	项目指标	平均时间	浓度限值（μg/m³）	达标统计要求
1971 年	一级	TSP	24h	260	每年不超过 1 次
		TSP	一年	75	年平均
	二级	TSP	24h	150	每年不超过 1 次
1987 年	一级和二级	PM2.5	24h	150	3 年平均每年不超过 1 次
			一年	50	年算数平均值，3 年平均
1997 年	一级和二级	PM2.5	24h	65	第 98 百分数，3 年平均
			一年	15.0	年算数平均值，3 年平均
		PM10	24h	150	1997 年 PM10 标准废除后，仍采用 1987 年标准统计要求
			一年	50	年算数平均值，3 年平均

时间	标准类型	项目指标	平均时间	浓度限值（μg/m³）	达标统计要求
2006年	一级和二级	PM10	24h	35	第98百分数，3年平均
			一年	15.0	年算数平均值，3年平均
		PM2.5	24h	150	3年平均每年不超过1次
2012年	一级	PM2.5	一年	12.0	年算数平均值，3年平均
	二级		一年	15.0	年算数平均值，3年平均
	一级和二级		24h	35	第98百分数，3年平均
	一级和二级	PM10	24h	150	3年平均每年不超过1次

如前所述，美国WELL健康建筑标准也对室内常见的空气污染物浓度限值进行了规定，参数汇总见表4-11。

WELL标准中对于室内常见空气污染物浓度的限值　　表4-11

种类	项目	限值	备注
可挥发性物质	甲醛	2.7×10^{-9}mg/m³	人员长期逗留区域
	总挥发有机物	500μg/m³	
颗粒物和无机气体	CO	9×10^{-6}mg/m³	人员长期逗留区域
	PM2.5	15μg/m³	
	PM10	50μg/m³	
	O₃	51×10^{-9}mg/m³	
辐射性物质	氡	4pCi/L（148Bq/m³）	

4.1.2 国内相关标准

与国外类似，我国对建筑室内环境质量评价也基本从声、光、热湿以及室内空气质量四个方面构建。

建筑室内声环境评价方面，我国现有相关评价标准包括《民用建筑隔声设计规范》GB 50118-2010、《声环境质量标准》GB 3096-2008、《建筑隔声评价标准》GB/T 50121-2005以及《剧场、电影院和多用途厅堂建筑声学技术规范》GB/T 50356-2005和《体育场建筑声学技术规范》GB/T 50948-2013等。

建筑室内光环境评价方面，我国目前相关评价标准包括主要包括适用于天然采光的《建筑采光设计标准》GB 50033-2013和适用于建筑内照明系统设计的《建筑照明设计标准》GB 50034-2013以及《光环境评价方法》GB/T 12454-2017。另外，《城市居住区规划设计标准》GB 50180-2018中对于住宅建筑的日照时数也给出了相关规定。

建筑室内热湿环境评价方面，目前主要涉及的标准有《民用建筑室内热湿环

境评价标准》GB/T 50785-2012和《民用建筑供暖通风与空气调节设计规范》GB
50736-2016等。

建筑室内空气质量评价方面，较多应用的标准主要有《室内空气质量标准》
GB/T 18883-2002、《环境空气质量标准》GB 3095-2012及《建筑通风效果测试与
评价标准》JGJ/T 309-2013等。

室内环境质量的整体评价方面，我国《绿色建筑评价标准》GB/T 50378-2019
及其家族系列标准，都在单项指标评价和总体评分方面给出了相关规定，但基本也
是对标以上关于声、光、热湿及空气品质的相关规范的要求。

（1）声环境

我国的《绿色建筑评价标准》在室内声环境评价方面，主要参照标准为《民用
建筑隔声设计规范》GB 50118-2010，其对住宅建筑、学校建筑、医院建筑、旅
馆建筑、办公建筑、商业建筑等不同功能建筑的室内允许噪声级均给出明确规定。
部分类型建筑，如住宅、旅馆等还给出了不同的分级规定和昼夜指标要求，见表
4-12和表4-13所示。

《民用建筑隔声设计规范》关于办公建筑允许噪声级规定 表4-12

房间名称	允许噪声（A声级，dB）	
	高要求标准	低限标准
单人办公室	≤35	≤40
多人办公室	≤40	≤45
电视电话会议室	≤35	≤40
普通会议室	≤40	≤45

《民用建筑隔声设计规范》关于旅馆建筑允许噪声级规定 表4-13

房间名称	允许噪声（A声级，dB）					
	特级		一级		二级	
	昼间	夜间	昼间	夜间	昼间	夜间
客房	≤30	≤30	≤40	≤35	≤45	≤40
办公室、会议室	≤40		≤45		≤45	
多用途厅	≤40		≤45		≤50	
餐厅、宴会厅	≤45		≤50		≤55	

《声环境质量标准》GB 3096-2008对城市不同区域进行了功能区分类，并对不
同分类区域规定了昼间和夜间相应的噪声限值，但该标准未对建筑室内声环境做出
规定。《建筑隔声评价标准》GB/T 50121-2005对主要构件的空气隔声和撞击隔声
的分级、测量和计算方法给出的了详细定义。《剧场、电影院和多用途厅堂建筑声
学技术规范》GB/T 50356-2005和《体育场建筑声学技术规范》GB/T 50948-2013

则分别对剧场、多功能厅及体育场等有特殊声学要求的建筑给出了体型设计、混响时间及噪声要求。

住房和城乡建设部2015年发布的《绿色建筑后评估技术指南（办公和商店建筑版）》中，对于室内声环境评价指标也是基于《民用建筑隔声设计规范》GB 50118-2010，对建筑在噪声级和隔声性能方面的实际性能给予评分，其中涉及的各项声学性能指标均以现场实测结果为评判依据。

综上所述，目前国内在绿色建筑声环境方面的评价主要是对标法。由于现实中建筑物的声学性能表现受室内外使用环境等影响较大，因此对噪声的数据研究工作需要结合模拟预测和现场实测的方式来进行综合考评。

（2）光环境

我国的《绿色建筑评价标准》在室内光环境方面主要参照设计规范《建筑采光设计标准》GB 50033-2013和《建筑照明设计标准》GB 50034-2013。

《建筑采光设计标准》对于不同采光等级的功能区域，给出了采光系数标准值和室内天然光照度标准值，并对住宅、教育、医疗、办公、图书馆、旅馆、博物馆、展览馆、交通、体育、工业等不同建筑分类进行了细化规定。

在《绿色建筑后评估技术指南（办公和商店建筑版）》中，对于天然采光及人工照明，分别采用满足《建筑采光设计标准》和《建筑照明设计标准》要求的空间达标率进行评分，配合眩光控制等设计核查以及光环境满意度进行评分。

综上所述，《绿色建筑评价标准》和《绿色建筑后评估技术指南（办公和商店建筑版）》中，考虑建筑在空间上的动态分布特性，都给出了空间面积达标率的评价。相对于常规建筑，国内已有标准对绿色建筑的主要引导方向为充分利用天然采光。

（3）热湿环境

我国的《绿色建筑评价标准》对室内热湿环境方面主要参照的标准为《民用建筑供暖通风与空气调节设计规范》GB 50736-2016和《民用建筑室内热湿环境评价标准》GB/T 50785-2012等。

对于采用集中供暖空调系统的建筑，《民用建筑供暖通风与空气调节设计规范》GB 50736-2016规定的严寒地区和寒冷地区、夏热冬冷地区的室内温度设计参数分别为18～24℃和16～22℃（见表4-14）。同时指出，当人体衣着适宜、保暖量充分且处于安静状态时，对20℃的室内温度体感为比较舒适，18℃为无冷感，15℃则是产生明显冷感的界线。从实际调查数据来看，我国供暖建筑整个供暖季房间相对湿度在15%～55%范围波动[50]。理论上来说，冬季室内人体的热舒适度（-1≤PMV≤+1）温度范围为18～28.4℃（见表4-15），而从设计单位实际调查结果看，大部分建筑供暖设计温度选择为18～20℃，落在合理区间范围内[50]。

《民用建筑室内热湿环境评价标准》GB/T 50785-2012明确了人工冷热源热湿环境下的不同舒适度等级的整体评价指标（见表4-16）。同时，根据服装热阻影响不同，给出了体感温度舒适Ⅰ级的温湿度区间（见图4-1），区域1对应为服装热阻

		《民用建筑供暖通风与空气调节设计规范》中对于人员		表4-14

长期逗留区域空调室内设计参数的规定

类别	热舒适度等级	温度（℃）	相对湿度（%）	风速（m/s）
供热工况	Ⅰ级	22～24	≥30	≤0.2
	Ⅱ级	18～22	—	≤0.2
供冷工况	Ⅰ级	24～26	40～60	≤0.25
	Ⅱ级	26～28	≤70	≤0.3

注：其中Ⅰ级、Ⅱ级热舒适度划分参见表4-15。

不同热舒适度等级对应的PMV和PPD值		表4-15

热舒适度等级	PMV	PPD
Ⅰ级	−0.5≤PMV≤0.5	≤10%
Ⅱ级	−1≤PMV＜−0.5，0.5＜PMV≤1	≤10%

《民用建筑室内热湿环境评价标准》中关于热舒适参数的整体评价指标　表4-16

等级	整体评价指标	
Ⅰ级	PPD≤10%	−0.5≤PMV≤0.5
Ⅱ级	10%＜PPD≤25%	−1≤PMV＜−0.5或0.5＜PMV≤1
Ⅲ级	PPD＞25%	PMV＜−1或PMV＞+1

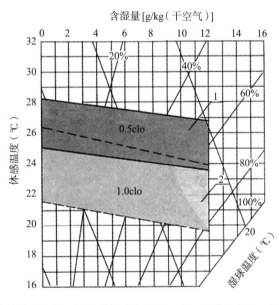

图4-1 《民用建筑室内热湿环境评价标准》中关于人工冷热源热湿环境体感舒适区范围

为0.5clo的Ⅰ级区，区域2对应为服装热阻为1.0clo的Ⅰ级区。与《民用建筑供暖通风与空气调节设计规范》GB 50736-2016中的室内设计参数对比可见，两部标准对于人工冷热源环境中的热舒适参数范围和评价要求基本一致。

在非人工冷热源的热湿环境评价方面，《民用建筑室内热湿环境评价标准》GB/T 50785-2012同样也给出了不同室外温度环境条件下不同气候区Ⅰ级、Ⅱ级舒适区体感温度的范围，见表4-17、表4-18及图4-2。相对人工冷热源环境，非人工冷热源调节下的室内温湿度参数要求范围相对较宽。

严寒及寒冷地区非人工冷热源热湿环境评价等级　　表4-17

等级	评价指标	限定范围
Ⅰ级	$t_{\text{op I, b}} \leq t_{\text{op}} \leq t_{\text{op I, a}}$ $t_{\text{op I, a}}=0.77t_{\text{rm}}+12.04$ $t_{\text{op I, b}}=0.87t_{\text{rm}}+2.76$	$18℃ \leq t_{\text{op}} \leq 28℃$
Ⅱ级	$t_{\text{op II, b}} \leq t_{\text{op}} \leq t_{\text{op II, a}}$ $t_{\text{op II, a}}=0.73t_{\text{rm}}+15.28$ $t_{\text{op II, b}}=0.91t_{\text{rm}}-0.48$	$18℃ \leq t_{\text{op II, a}} \leq 30℃$ $16℃ \leq t_{\text{op II, b}} \leq 28℃$ $16℃ \leq t_{\text{op}} \leq 30℃$
Ⅲ级	$t_{\text{op}} < t_{\text{op II, b}}$ 或 $t_{\text{op II, a}} < t_{\text{op}}$	$18℃ \leq t_{\text{op II, a}} \leq 30℃$ $16℃ \leq t_{\text{op II, b}} \leq 28℃$

注：t_{rm} 为室外平滑周平均温度。

夏热冬冷、夏热冬暖、温和地区非人工冷热源热湿环境评价等级　　表4-18

等级	评价指标	限定范围
Ⅰ级	$t_{\text{op I, b}} \leq t_{\text{op}} \leq t_{\text{op I, a}}$ $t_{\text{op I, a}}=0.77t_{\text{rm}}+9.34$ $t_{\text{op I, b}}=0.87t_{\text{rm}}-0.31$	$18℃ \leq t_{\text{op}} \leq 28℃$
Ⅱ级	$t_{\text{op II, b}} \leq t_{\text{op}} \leq t_{\text{op II, a}}$ $t_{\text{op II, a}}=0.73t_{\text{rm}}+12.72$ $t_{\text{op II, b}}=0.91t_{\text{rm}}-3.69$	$18℃ \leq t_{\text{op II, a}} \leq 30℃$ $16℃ \leq t_{\text{op II, b}} \leq 28℃$ $16℃ \leq t_{\text{op}} \leq 30℃$
Ⅲ级	$t_{\text{op}} < t_{\text{op II, b}}$ 或 $t_{\text{op II, a}} < t_{\text{op}}$	$18℃ \leq t_{\text{op II, a}} \leq 30℃$ $16℃ \leq t_{\text{op II, b}} \leq 28℃$

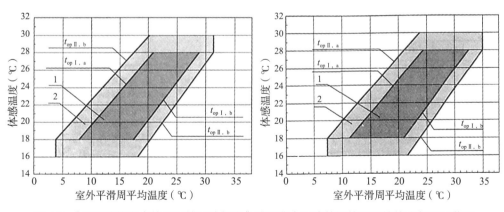

图4-2 《民用建筑室内热湿环境评价标准》关于非人工冷热源热湿环境体感舒适区范围

此外，《室内空气质量标准》GB/T 18883-2002也对室内热湿环境给出了简单、直接的标准值（见表4-19）。

《室内空气质量标准》关于室内空气质量热湿环境标准部分 表4-19

参数	单位	标准值	备注
温度	℃	22～28	夏季空调
		16～24	冬季采暖
相对湿度	%	40～80	夏季空调
		30～60	冬季采暖

我国目前的绿色建筑评价中对于室内热湿环境方面，要求室内设计参数满足《民用建筑供暖通风与空气调节设计规范》的要求，评分方面主要是对采取的相关遮阳、调节等措施进行评价。《绿色建筑后评估技术指南（办公和商店建筑版）》中对于热湿环境的后评估中，仍是根据GB 50736-2016的要求，对供冷采暖季主要功能房间温湿度达标率进行评分，同时配合相关设施核查及热湿环境满意度调查评分，测试方法主要采用抽样布点测试法。

对比上述建筑室内热湿环境的相关标准规范，关于热湿环境的限值范围，各标准有着较好的一致性。同时，热舒适度与室外环境、服装热阻以及室内风速、人体主观感觉等因素都密切相关，应考虑对于不同季节、不同舒适度等级采用不同的指标。

相对于更高舒适度要求的热湿环境，绿色建筑更强调人与自然的统一，引导以自然通风等方式满足人体基本舒适要求，不过分追求恒温恒湿的人工环境营造。

（4）室内空气品质

我国《绿色建筑评价标准》对建筑室内空气品质方面的要求主要参照《室内空气质量标准》GB/T 18883-2002，规定了 SO_2、NO_2、CO、CO_2、NH_3、O_3、甲醛、苯、甲苯、二甲苯、总挥发性有机物等多项空气污染物浓度限值，主要参数指标见表4-20。

《室内空气质量标准》对于室内空气品质相关规定 表4-20

参数类别	参数	单位	标准值	备注
化学性	二氧化硫 SO_2	mg/m^3	0.50	1h均值
	二氧化氮 NO_2	mg/m^3	0.24	1h均值
	一氧化碳 CO	mg/m^3	10	1h均值
	二氧化碳 CO_2	%	0.10	日均值
	氨 NH_3	mg/m^3	0.20	1h均值
	臭氧 O_3	mg/m^3	0.16	1h均值
	甲醛 HCHO	mg/m^3	0.10	1h均值
	苯 C_6H_6	mg/m^3	0.11	1h均值
	甲苯 C_7H_8	mg/m^3	0.20	1h均值

参数类别	参数	单位	标准值	备注
化学性	二甲苯 C_8H_{10}	mg/m³	0.20	1h均值
	苯并[a]芘B(a)P	ng/m³	1.0	日均值
	可吸入颗粒物PM10	mg/m³	0.15	日均值
	总挥发性有机物TVOC	mg/m³	0.60	8h均值
生物性	菌落总数	cfu/m³	2500	依据仪器定
放射性	氡222Rn	Bq/m³	400	年平均值（行动水平）

《环境空气质量标准》GB 3095-2012规定了SO_2、NO_2、CO、O_3及PM10及PM2.5在不同平均时间等级下浓度限值，并针对不同功能区分类给出了分级别的浓度限值要求。具体限值要求参见表4-21，其中一级、二级分别对应一二类空气功能区。

《环境空气质量标准》空气污染物浓度限值　　　　　　表4-21

序号	污染物项目	平均时间	浓度限值		单位
			一级	二级	
1	二氧化硫（SO_2）	年平均	20	60	μg/m³
		24h平均	50	150	
		1h平均	150	500	
2	二氧化氮（NO_2）	年平均	40	40	μg/m³
		24h平均	80	80	
		1h平均	200	200	
3	一氧化碳CO	24h平均	4	4	mg/m³
		1h平均	10	10	
4	臭氧O_3	日最大8h平均	100	160	μg/m³
		1h平均	160	200	
5	颗粒物（粒径小于等于10μm）	年平均	40	70	μg/m³
		24h平均	50	150	
6	颗粒物（粒径小于等于2.5μm）	年平均	15	35	
		24h平均	35	75	

目前的绿色建筑评价关于空气品质方面，主要是对优化建筑空间、平面布局、自然通风效果、气流组织、采取室内空气质量监测等措施方面进行分级评分。《绿色建筑后评估技术指南（办公和商店建筑版）》中对于空气品质的后评估则是依据《室内空气质量标准》GB/T 18883-2002与《环境空气质量标准》GB 3095-2012，对不同满足面积比进行不同等级评分，并提出了相关指标的测试要求。

第4章 绿色建筑室内环境后评估

综上所示，室内空气品质指标涉及参数较多，主要包含TVOC、甲醛、氨、苯等污染物、CO_2以及可吸入颗粒物等。测试方法上，主要是规定时间内的采样平均值。在《绿色建筑后评估技术指南（办公和商店建筑版）》中，主要依据现行设计国标进行评价，同时考虑了后评价在空间上的动态特性，采用了达标面积比进行评价。总体而言，我国各标准中给出的室内污染物浓度限值基本与国际标准一致，部分指标要求偏低。

4.2 室内环境性能现状

如何科学评价建筑室内环境性能是建筑领域重要的研究方向之一，更是绿色建筑性能后评估推进的关键课题。本书在调研国内外相关标准的基础上，进一步梳理室内环境性能研究现状，包括室内环境客观测试和主观感受等方面，并提出绿色建筑室内环境性能实测思路。

4.2.1 室内环境性能分析思路

基于上文的国内外室内环境相关标准的综述情况，可以看出建筑室内环境质量和能耗有着很大的差异。室内环境评价并不是某个可在具体数值上给出清晰优化方向的单一指标，而是一种多参数多维度的状态描述。

首先，对于不同类型、不同使用功能的建筑，使用者对室内环境的实际需求存有很大差异。这就意味着对室内环境质量的评价，需要充分考虑建筑的功能属性和使用需求，需要区分办公建筑、商业建筑、住宅建筑、旅馆建筑、医疗建筑、教育建筑等。

其次，室内环境本身覆盖多专业，包括室内声环境、室内光环境、室内热湿环境和室内空气品质等，而每个专业又都包含了多项对人员感知环境特性、舒适度评价的指标。例如，对于热湿环境，一方面有温度、湿度、空气流速等客观参数指标，另一方面也有预计平均热感觉指标IPMV、局部不满意率LPD等使用者实际满意度的评价指标项。

用于描述室内环境质量的各项具体客观指标，往往也都是在时间和空间上具备分布特性的状态参数。对于同一个建筑，在不同的时间和空间上，状态都可能有较大的差别，难以用一个均值简单替代。例如，对于常用指标之一的温度，几乎每个空间点在任意时刻都会有所波动。尽管平均值可以在一定程度上反映建筑的热环境水平，但是相对于平均温度值，不同空间的温差、一天当中的温度波动，往往才是造成使用者不满意或者抱怨投诉的最主要原因。因此，要想科学、客观地描述室内环境质量水平的指标体系，必须充分考虑分布特性的影响。

基于上述因素，本次研究依据建筑室内环境各指标参数特点，选取不同气候区的绿色建筑项目进行了实际性能测试，不但包括温湿度、照度、噪声、CO_2浓度、

PM2.5浓度、TVOC浓度等关键指标，也包括使用者对于室内环境主观满意度的问卷反馈。各指标参数的测试方法汇总于表4-22。

本次调研涉及的绿色建筑室内环境参数设备及检测方法　　　　表4-22

指标名称	测试设备	测试方法
噪声级	精密噪声频谱分析仪	按照GB 50118-2010、GB/T 18204.1-2013要求抽样测试
照度/采光系数	照度计	按照GB/T 5699-2017、GB/T 5700-2008要求抽样测试
温度/湿度	远程室内空气质量监测仪	连续监测，采样间隔15min
CO_2浓度	远程室内空气质量监测仪	连续监测，采样间隔15min
PM2.5浓度	远程室内空气质量监测仪	连续监测，采样间隔15min
TVOC浓度	TVOC气体检测仪	按照GB/T 18883-2002要求采样选点

4.2.2 室内环境客观性能现状

（1）室内声环境

从文献检索可以看到，目前针对绿色建筑室内声环境水平的实测研究工作不多。肖仲豪等[51]通过部分绿色建筑和非绿色建筑的室外场地噪声测试对比，发现绿色建筑室外噪声区间为［60dB（A），70dB（A）］，而普通建筑为［65dB（A），74dB（A）］，绿色建筑噪声集中强度分布的区间低于普通建筑。室内噪声级方面，程瑞希等[52]在对建筑开展噪声优化管理的工作基础上，通过现场检测发现广州某绿色办公楼在最不利的临街多人办公室，室内噪声级控制在［42.7（A），44.2（A）］。

本次研究在寒冷地区选取了北京和天津为代表城市，开展了绿色办公建筑和同类型普通办公建筑的室内声环境现状对比。室内背景噪声现场测试按照现行国家标准《民用建筑隔声设计规范》GB 50118-2010附录A的规定进行，即空调正常运行、照明灯开启、门窗关闭，传声器距离室内地面1.5m。

测试结果显示，绿色办公建筑的室内主要房间的噪声级分布在34～41dB（A）之间，而普通办公建筑室内噪声级分布在37～44dB（A）之间，整体上绿色建筑在室内噪声水平方面相对于普通建筑呈现了一定程度的优势，如图4-3所示。不管是绿色建筑还是普通建筑，办公室的室内噪声水平基本都能够达到国家现行标准的低限值要求，部分采样点能够达到高标准要求。

本次研究在夏热冬冷地区选取了上海和重庆作为代表城市。通过对重庆地区多栋绿色办公建筑和普通办公建筑的实地调研发现，绿色办公建筑的室内噪声级大部分集中在40～50dB（A）之间，总体情况尚属良好；但主观问卷显示，对声环境感到满意的人群比例仅有42.9%，可见大部分人群对所处的声环境并不满意或是勉强接受。

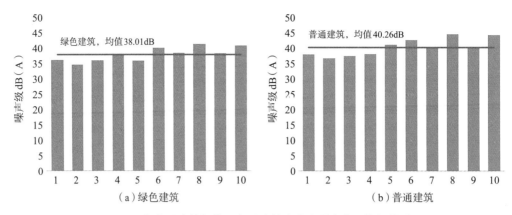

图4-3 绿色办公建筑与普通办公建筑在室内噪声水平指标的对比

通过对上海地区多栋办公建筑的室内声环境测试，发现多数大开间的办公空间室内噪声测试均值稍高于50dB（A），具体分布如图4-4所示。

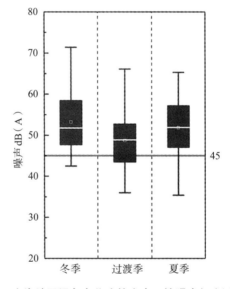

图4-4 上海地区绿色办公建筑室内环境噪声级实测分布

（2）光环境

目前针对绿色建筑室内采光和照度水平的实测研究数据较少，可检索到的文献基本采用了模拟手段来进行预测分析。清华大学林波荣团队[21,22]等对多栋绿色办公建筑的室内照度开展了测试研究，发现部分绿色建筑的实际工作面照度存在低于标准值的情况，但是同时进行的使用者满意度调查却呈现了相反的结论，大部分的用户对于室内光环境的满意度较高。可能的原因是绿色建筑有较为丰富的光环境调节手段，例如分组分回路的照明分区设计、不同场景模式的智能照明设计以及自然光和人工照明混合模式等，这在一定程度上增强用户的满意度。

本次研究在寒冷地区选取了北京和天津为代表城市，开展了绿色办公建筑和同类型普通办公建筑的室内光环境现状对比。照度值按现行国家标准《照明测量方法》GB/T 5700-2008的规定进行，根据建筑功能选取代表性办公室进行布点，测试时间为夜间以避免天然光的干扰，在照明灯具正常开启状态下进行。采光系数现场测试按现行国家标准《采光测量方法》GB/T 5699-2008的规定，在全阴天条件下进行，检测期间室内照明处于关闭状态。

　　结果汇总于图4-5和图4-6，可见寒冷地区典型绿色办公建筑和普通办公建筑的抽样房间，在实际工作面照度和采光系数方面都能达到标准要求。其中，采光系数方面，绿色建筑在2.5%～6.4%之间，普通建筑在1.9%～4.1%之间；人工照度，绿色建筑在288～523lx之间，普通建筑在282～334lx之间。

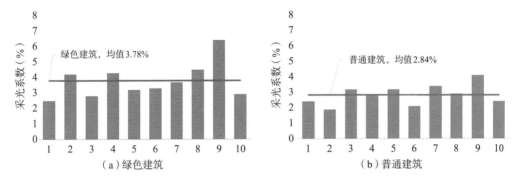

图4-5　绿色建筑与普通建筑的室内采光系数指标对比

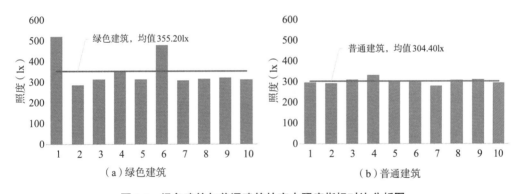

图4-6　绿色建筑与普通建筑的室内照度指标对比分析图

　　可见，绿色建筑在采光系数及室内照度情况方面，相对于普通办公建筑略有优势。但不同项目、不同房间水平相差较大，相对于采光系数和照度的绝对数值，均匀度也是影响室内光环境舒适度的主要指标。由于室内光环境可调节手段较多，用户总体对于光环境舒适度的评价较高。

　　对部分绿色建筑采光情况进行进一步模拟分析，获得整栋建筑面积的采光系数达标面积占比。从表4-23中不同类型绿色建筑的采光系数达标面积占比对比可见，大部分绿色建筑在整体的采光系数达标率上都是比较高的。

　　本次调研在夏热冬冷地区选取了上海和重庆作为代表城市。通过对重庆地区多

不同类型建筑整体平均采光系数达标面积占比　　　　表4-23

项目编号	建筑平均采光系数达标面积占比
项目1	92.80%
项目2	90.48%
项目3	96.38%
项目4	100.00%

栋绿色办公建筑和普通办公建筑实测和调研发现，绿色建筑中约有1/3的主要办公区未能达到《建筑照明设计标准》GB 50034-2013中的照度值要求；但是，有部分建筑的照度值很高，最高的工作面照度达1500lx左右；并且，不同建筑间的照度值差距很大，会议室的照度均值比办公室高。普通建筑由于测试项目数较少，照度结果分布较为集中，基本能达到标准要求。两类建筑主要办公区域均有部分区域不能满足《建筑采光设计标准》GB 50033-2013中对于第Ⅳ类气候区办公及会议室3.3%的采光系数标准值的要求，但均值都能达到标准要求，且绿色建筑比普通建筑的达标面积比例略高。同时开展的对于室内光环境的用户主观调研结果与上述林波荣等研究结果类似，用户对室内光环境整体满意度较高。

　　通过对上海地区十多栋绿色办公建筑的室内照明测试与调研发现，上海地区绿色办公建筑的室内环境的采光照度多数在300～1200lx之间，测试项目照度分布与达标情况如图4-7所示。整体而言，绿色办公建筑照度达标率在75%以上。

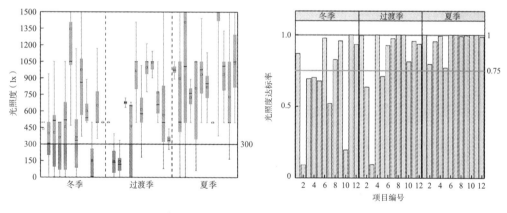

图4-7　上海地区绿色办公建筑室内光照度实测值分布图

（3）室内温湿度

　　建筑室内温度和湿度的在线监测，相对于其他指标在实现方面较为容易，但由于温度在空间和时间上的波动性，因此室内温度指标的分析需要考虑达标比例。清华大学林波荣团队通过实测，发现大部分绿色建筑在使用期间的室内温度都可以达到设计标准要求的温度范围，并且在用户热环境满意度方面，绿色建筑的反馈明显优于普通建筑。裴祖峰等[53]对天津、北京两栋绿色办公建筑的室内温度达标水平进行了测试分析发现，对于天津项目，若采用Ⅰ级舒适度要求，其夏季和冬季的实测达标率分别为16%和49%；若采用Ⅱ级要求，其夏季和冬季的实测达标率为89%和82%。对于北京项目，夏季测试结果中满足Ⅰ级要求的达标率为60%，满足Ⅱ级要求的达标率为75%，主要原因是夏季空调过冷导致室温偏低。

本次研究以北京和天津为代表城市，开展绿色办公建筑项目的室内热环境现状对比评估。室内温湿度采用了研究组自主研发的多参数室内空气质量监测装置进行连续数据采集，监测时间选取夏季、秋季、冬季各两个月，监测期间各办公设备正常使用。

夏季的测试情况见图4-8，可见绿色建筑在夏季工作日，典型房间温度的日平均值可满足24～28℃的Ⅱ级标准要求，但是大部分测点超出了Ⅰ级舒适度的24～26℃要求，湿度均值范围在45%～60%之间。

冬季的测试情况见图4-9，被测试绿色建筑在工作日内的典型房间温度均值在

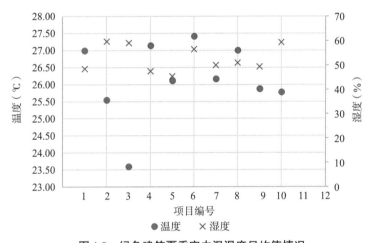

图4-8　绿色建筑夏季室内温湿度日均值情况

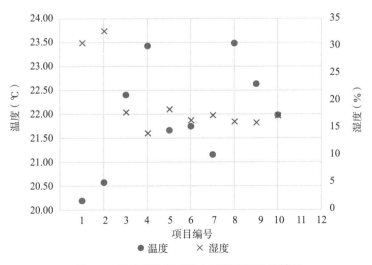

图4-9　绿色建筑冬季室内温湿度日均值情况

20～23℃之间，但是大部分未能达到Ⅰ级舒适度的22～24℃要求，湿度均值范围在10%～35%之间，较为干燥，也低于Ⅰ级舒适度要求。

过渡季，被测试绿色建筑在工作日的典型房间温度波动范围为17.5～26.3℃，湿度范围在8.5%～56%之间，各建筑之间波动范围较大，如图4-10所示。部分建筑在室外环境温度波动的情况下，室内温湿度方面调节性能较好，整个过渡季温湿度变化区间较窄。深入调研后，主要是由于部分建筑采用了过渡季自然通风技术，实现了室外自然风的受控应用，能有效调节室内的温度和湿度。

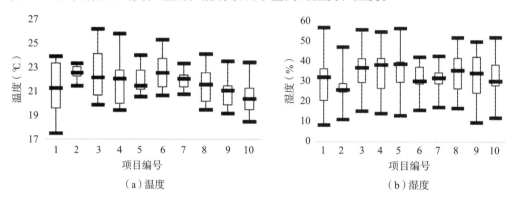

（a）温度 （b）湿度

图4-10 绿色建筑过渡季的室内温湿度分布情况

本次调研在夏热冬冷地区选取了上海和重庆作为代表城市。通过对重庆地区多栋绿色办公建筑室内温度测试情况分析得出，冬季绿色办公建筑主要办公区约有50%的测点可落在Ⅰ级舒适区，10%的测点高于舒适区空气温度上限值，其余40%低于舒适区空气温度下限值；而相对应地，普通办公建筑约有40%的测点落在Ⅰ级舒适区，还有5%的测点高于舒适区空气温度上限值，其余55%的测点低于舒适区空气温度下限值。过渡季节两类建筑的室内舒适度都很高，大部分测点可满足Ⅰ级舒适区要求，小部分散落在Ⅱ级舒适区。总体而言，绿色建筑与普通建筑在热舒适方面，达标比例基本一致，满足Ⅰ级舒适区空间比例，冬季及夏季为50%左右，过渡季为80%左右。

对上海地区多栋绿色办公建筑全年室内温湿度连续测试分析发现，其中冬季约有21%，夏季约有5%的测点落在Ⅰ级舒适区；而落在Ⅱ级舒适区的测点，冬季约有87%，夏季约33%（图4-11）。在测试过程中发现，测试建筑冬季与夏季温湿度的达标情况有显著的差异。实测结果冬季室内温度偏低，夏季相对湿度偏高，是影响两季节热环境达标率的主要因素。过渡季热湿环境达标率基本均在75%以上，比较良好；由于室内热湿环境受室外条件影响，因此室外湿度较大的地区可以适当放宽温湿度标准范围。

（4）室内空气品质

随着大气污染问题日益突出，绿色建筑在室内空气品质方面的表现在近年来引起了众多关注。林波荣等[21,22]对多栋绿色办公建筑和常规建筑的室内CO_2浓度进行

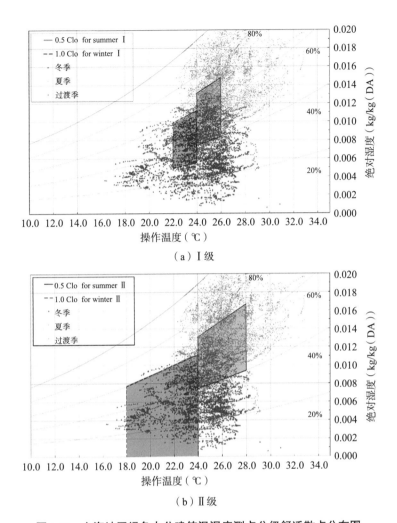

（a）Ⅰ级

（b）Ⅱ级

图4-11　上海地区绿色办公建筑温湿度测点分级舒适散点分布图

了测试对比发现，除了持续性开启新风机组的建筑样本外，其他建筑CO_2浓度方面并无显著区别，并且都达到了节能标准中规定的水平。然而，在同时开展的用户满意度调研中，空气品质却成了最不满意的因素之一，可能由于空气品质还受到其他多个相关因素影响。

以天津和北京为代表城市，开展的绿色办公建筑和普通建筑的室内空气品质现状对比评估表明，寒冷地区的绿色建筑与普通建筑在空气品质方面的差异并不显著。CO_2和PM2.5浓度方面，测试项目的数据结果都远低于国家标准要求；TVOC浓度方面，由于测试的绿色建筑项目一般建设年代都较新，所以浓度相对于普通建筑样本略高，但也可满足国标要求，如图4-12所示。

本次调研在夏热冬冷地区选取了上海和重庆作为代表城市。通过对重庆地区多栋绿色办公建筑和普通办公建筑建筑室内CO_2、PM2.5、PM10、TVOC、甲醛等浓度实测和调研发现，在冬季室外CO_2浓度在800mg/m³左右时，绿色建筑中室

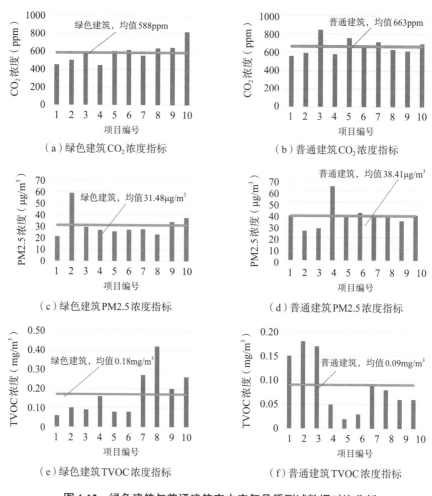

图4-12 绿色建筑与普通建筑室内空气品质测试数据对比分析

内CO_2大概在$600 \sim 1000mg/m^3$，普通建筑室内CO_2在$800 \sim 2000mg/m^3$之间，绿色建筑要优于普通建筑，但两类建筑室内浓度基本都低于标准限值。绿色建筑中PM2.5浓度随着室外浓度变化趋势明显，但是总体上绿色建筑浓度略低于普通建筑，在室外大气浓度较低时，基本能够达到$75\mu g/m^3$。TVOC浓度方面，绿色建筑室内TVOC情况与室外TVOC情况无明显关系，但由于被测试的绿色建筑普遍投用运行时间较多，室内TVOC平均浓度要高于普通建筑。

对上海地区多栋绿色办公建筑的室内CO_2、PM2.5、甲醛、TVOC等浓度进行实测分析，如图4-13所示，发现室内CO_2浓度主要分布在$400 \sim 600ppm$之间，显著低于标准要求，夏季、冬季和过渡季三个工况达标率都较好，75%达标率时实测CO_2上限浓度为700ppm。室内PM2.5浓度在季节工况中存有一定的差异，夏季达标情况较好，达标率都在90%以上。冬季达标情况相对较差，主要原因是室内PM2.5浓度受室外环境影响较大，而冬季因室外扩散条件不好致室外PM2.5浓度偏高，通过测试，当上海地区绿色办公建筑室内空气质量达标率为75%时，对应的实测PM2.5

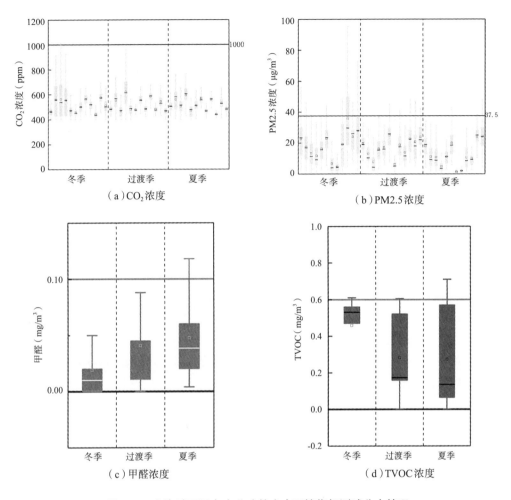

图4-13　上海地区绿色办公建筑室内环境指标测试分布情况

上限浓度为37μg/m³。经测试发现，室内甲醛与TVOC浓度的指标值远低于标准要求，其中甲醛整体均值在0.05mg/m³以下，冬季和过渡季达标率在98%以上，采集到的甲醛浓度基本都在0.10mg/m³以下；夏季个别测点并未达到标准，但整体达标情况较好。冬季和过渡季办公环境TVOC实测值达标率较高，均在90%以上；而夏季达标率较低，为79%。整体而言，室内环境各项指标实测达标率均较高。

总体上，绿色建筑在室内空气品质各关键指标都能够达到标准要求，部分指标甚至大幅低于国标要求限值。但是从主观问卷调研情况来看，使用者对室内空气品质满意度却低于对应的客观参数达标率，其中的一个潜在原因可能是室内空气品质对于使用者所表达的含义相对含糊，气味、短暂的噪声、新风供给不足、吹风感等局部短期不舒适感都会降低个体满意度，显示为具有明显的"短板效应"。

4.2.3　室内环境主观满意度现状

文献调研显示，绿色建筑中的使用者对于整体室内环境的满意度水平，相对普通办公建筑有所提升，但是提升幅度与表征室内环境质量的各项客观指标的改善程度却有较大偏离[21,22]。例如，部分项目的室内采光系数和照度实测值均未有明显优化，但是用户满意度问卷的结论却提示使用者对于光环境满意度很高；与之形成鲜明反差的是，在CO_2浓度实测值方面，绿色建筑与普通建筑几乎没有差别，但用户反馈的结论却是对绿色建筑室内空气品质的满意度较低，这也暗示用户对于绿色建筑营造优质室内空气品质方面有着更高的心理预期。丁勇、洪玲笑等[54][55]对重庆地区多栋绿色办公建筑和普通办公建筑建筑进行主观调研后发现，绿色建筑使用者在室内各方面的环境满意度都略高于普通建筑，并对造成不满意的原因进行了初步的梳理分析。

本次研究选取了北京和天津为代表城市，通过发放问卷的方式，从室内声环境、光环境、热湿环境和空气品质4个方面，对建筑使用者的主观感受现状及满意度进行了专题研究，其中满意度评分采用了7级标尺。参与调研的人员中，男性占56%，女性占42%，年龄多在25～50岁，可见参与人员性别较为均衡，年龄涵盖使用者主要年龄段，具有一定的代表性。

（1）室内声环境

建筑使用者对室内声环境满意度的评分结果如图4-14所示。建筑的主要噪声来源为人员活动及设备噪声，从现场访谈来看，本次被调研的绿色建筑项目的室内设备噪声控制良好，动静分区和流线设计合理，因此对室内工作人员造成的噪声干扰较少。从测试结果也可以看到，几乎所有项目的室内噪声级都达到了国家标准的低限要求甚至高标准要求，这与主观调研结果趋于一致。结合声环境的客观测试数据情况，可看出北方地区绿色建筑室内噪声级情况明显优于南方建筑，较少出现不满意的结果。

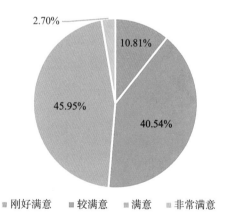

图4-14　绿色建筑室内声环境满意度评分汇总

（2）室内光环境

本次调研中，建筑使用者对室内光环境满意度的评分结果如图4-15所示。可以发现，几乎所有调研对象对绿色建筑营造的室内光环境都处于满意或中性状态，其中非常满意的占比达到27.0%。进一步，在开灯情况下对于室内明暗度感受的调研中，有75.7%的人认为照度适中，剩下的人群认为室内照度偏高，但他们对室内光环境都是满意的。调研结果说明，人群对于照度明暗的感受因人而异，但与光环境满意度没有必然关系。

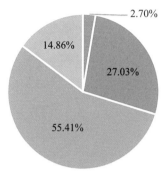

■刚好满意　■较满意　■满意　■非常满意

图4-15　绿色建筑室内光环境满意度评分汇总

绿色建筑中的使用者对于室内光环境的满意度总体较为理想，除了良好的自然采光设计之外，照明灯具的可操控性对于提升用户主观满意度也起到了重要作用。

（3）室内热湿环境

本次调研中，建筑使用者对室内热环境满意度的评分结果见图4-16。可以发现，调研对象对于绿色建筑室内温度的满意比例为98.6%，仅有1.4%对温度的评价为较不满意。在相对湿度方面，满意比例为90.5%，仅有9.5%的人员对室内湿度较不满意。综合温度、湿度两个指标的主观感受度，调研对象对室内热环境满意的比例为94.6%，这和室内温湿度的客观参数监测情况并不完全一致，实际测得的室内相对湿度在全年的达标率并不高。这也提示我们，人们对于温度和湿度的舒适度区间其实是较为宽松的，生活在南方和北方的人群对同样温度的体感情况也可能很不一样，在探讨室内温湿度和满意度的关系时，要充分考虑到这些因素。

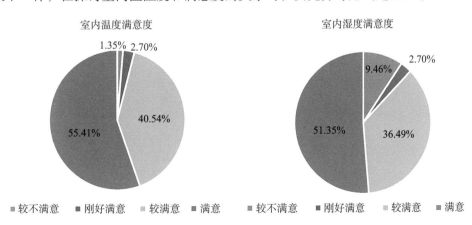

图4-16　绿色建筑室内热环境满意度评分汇总

进一步，对建筑使用者的体感冷热度进行了调查，如图4-17所示。从中可以看出，绝大部分人认为室内冷热感刚刚好；有47.3%的人认为较冷或较热，但可以忍受；有1.3%的人认为过热，这也对应了对室内热湿环境不满意的那少部分人群。

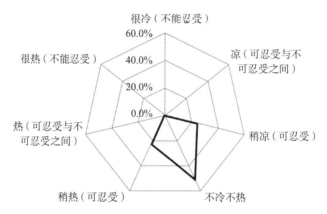

图4-17 绿色建筑受访者对于室内冷热感觉的汇总

可见，绿色建筑使用者对于热湿环境的总体满意度较高，但不同用户之间差异较大，这与温湿度自身的波动性及人体热舒适机理的复杂性有关。通过对比温湿度的实施监测数据也可以得知，温湿度的日平均值一般都能达到舒适度要求，但不同项目之间温湿度相差较大。结合主观调研情况看，同一空间不同使用者对于热舒适的接受程度有明显差异，对于室内热湿环境的评价需要综合考虑多方面因素。

（4）室内空气品质

本次调研中，建筑使用者对室内空气品质满意度的评分结果见图4-18。从图中可以发现，有4.1%的人表示非常满意，有2.7%的人表示刚好满意，其余93.2%的人员对室内空气品质处于较满意和满意状态。

■刚好满意 ■较满意 ■满意 ■非常满意

图4-18 绿色建筑室内空气品质满意度评分汇总

进一步，在室内空气有无异味的主观调研中，有64.9%的人认为无异味，有

35.1%的人认为有轻微异味；但最终满意度方面，这些人对室内空气品质都是满意的，但满意的程度不一致，说明轻微异味对室内人员的感受会产生一定影响。

（5）总体满意度情况

本次调研中，还对建筑使用者的综合满意度设置了独立的评分项。汇总调研结果可知，办公人员对绿色建筑室内环境的综合满意度如图4-19所示。从图中可以看出，所有人对室内环境整体的感受都是满意的，但其中非常满意的比例只有14.8%，说明仍有提升空间。

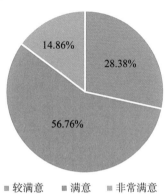

■ 较满意　■ 满意　■ 非常满意

图4-19　绿色建筑室内环境整体满意度评分汇总

从前述的室内人员对室内声环境、光环境、空气品质的单项满意度反馈来看，人群几乎都是基本满意或满意的，只有热湿环境指标有小部分人存在较不满意的状态。说明人们对于室内环境最敏感的指标就是冷热感，冷热感在所有指标中会最大限度地影响综合满意度。

（6）行为对环境的影响

本次研究中，还对人行为模式进行了调研，包括询问调研对象是否愿意了解所处空间的室内环境客观参数；假设能了解客观参数，是否会影响对空间满意度的评价；是否在平时会主动调节室内环境控制末端；最关心室内环境哪一项或几项因素等。调研结果汇总于图4-20。

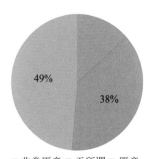

■非常愿意■无所谓■愿意

（a）是否愿了解客观参数

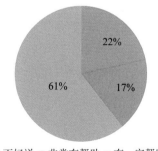

■ 不好说　■ 非常有帮助　■ 有一定帮助

（b）掌握客观参数是否影响满意度

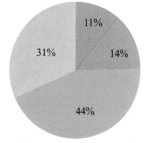

■ 从不　■ 经常　■ 偶尔　■ 有时

（c）是否有意愿主动调节室内环境

图4-20　对绿色建筑室内环境行为意愿调查汇总

可以发现，多数人愿意了解所在环境客观参数，也有38%的人认为无所谓。有78%的人认为掌握所在环境的客观参数会影响自己对室内环境的满意度，剩余22%不确定是否有影响。只有14%的人会经常通过调空调温度、开关窗、拉窗帘等方式来控制调节室内环境，大多数人不太会主动去调节控制室内环境，有11%的人甚至从来不会去调节。在经常会主动去调节控制室内环境的人中，一般为靠近窗户、靠近或掌握空调控制器的人。通过有效人为手段去调节室内环境是很有必要的。

针对用户关注的指标情况同样进行了问卷调研，如图4-21所示。从结果看出，用户对于噪声、采光、温度和通风情况最为关注，而在住宅和旅馆建筑中，隔声也是用户关注的主要方向。通过此次调研也能够看出，相对于CO_2、TVOC、PM2.5等参数的浓度情况，用户更为关注的是通风情况。这也反映了用户主观感受与客观指标之间的差异性。

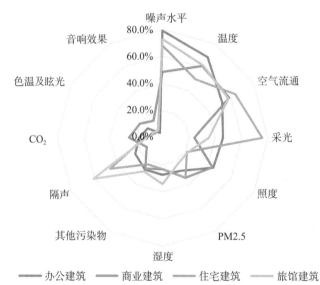

图4-21 绿色建筑用户对室内环境各项指标的关注度分析

从实际调研情况看，用户主观感受的影响因素十分复杂，包括室内装修情况、视野情况、空间大小等。而本次研究中对于绿色建筑室内环境质量的聚焦点，主要在于降低运行能耗的同时，能否保障使用者的建筑环境质量不受到影响。所以研究对于主观感受的关注，重点考虑受机电设备系统影响的参数变量，而对于那些受用户自身行为因素影响的不可控因素，则暂时不在考虑之中。

4.2.4 室内环境性能小结

通过对典型气候区代表城市的绿色建筑室内环境现状调查，可以看到绿色建筑相比于普通建筑，在部分关键指标方面略有优势，但也呈现南北差异和项目间差异。

室内声环境方面，围护结构保温和窗体构造的差异，导致建筑外墙和外门窗在隔声性能指标上呈现了南北方差异。北方地区实测结果表明，由于外墙外保温厚度较大以及通常采用三玻双中空外窗形式，构件隔声量也相对较高，大部分项目的室内噪声级可以达到现行标准中的高标准限制的要求。在南方地区，由于外窗是薄弱环节，大部分项目的室内噪声级经实测只能达到标准中的低限值要求，相比于北方城市有一定差距。

采光系数和照度方面，约有1/3的绿色建筑优于普通建筑，其余项目在天然采光达标率和照度达标率方面与普通建筑基本一致。结合主观满意度的反馈情况，使用者对于采光及照明的满意度普遍较高，这也提示我们，使用者对于采光和照明的量值并非越高越好，而是适度满足的需求。

温湿度方面，从调研及测试分析情况看，呈现出时间和空间上波动分布的特征。在供冷和供暖时段内，大部分项目可以保证50%以上的时间达到Ⅱ级舒适区，在过渡季期间，大部分项目可以保证70%以上的时间达到Ⅱ级舒适区。

CO_2、PM2.5浓度方面，绿色建筑普遍优于普通建筑，自然通风和新风供给充足是主要因素。然而从TVOC等指标来看，绿色建筑的浓度均值反而高于普通建筑，鉴于此次调研的绿色建筑建成投用时间均较短，可以认为来自于室内装饰装修材料的影响还存在。

通过总结使用者的主观满意度情况，可以认为绿色建筑室内环境的主观满意度总体上优于普通建筑。但也必须看到，用户的主观满意度受到很多因素的影响，某个单项指标的客观测试状态与主观满意度水平并不正相关，较难采用指标进行量化分析，但通过问卷调研可以找到导致当前室内环境不满意的主要问题，有利于确诊运行中的问题并进行优化提升。

4.3 室内环境性能评价指标

基于以上分析总结，有关绿色建筑室内环境性能评价指标可分为客观与主观评价，具体的相关评价指标体系分析如下所述。

4.3.1 室内环境性能客观评价指标

（1）基础指标体系梳理

要科学评价绿色建筑室内环境性能，首先需要构建适用于运行评价的室内环境性能评价指标体系。学术界目前较为公认的建筑室内环境评价方法，主要是按照专业划分为声环境、光环境、热湿环境和空气品质四个方面。各自目前都已形成较为成熟的单项指标的评价方法，从中可以提出若干指标作为绿色建筑室内环境性能评价的基础指标库。

1）声环境评价指标

依据《声环境质量标准》GB 3096-2008和《环境影响评价技术导则》HJ2.4-2009的相关规定，声环境功能区的环境质量评价量为昼间等效声级（L_d）、夜间等效声级（L_n），突发噪声的评价量为最大A声级（L_{max}）。《民用建筑隔声设计规范》GB 50118-2010对于建筑室内声环境主要是提出了允许噪声级（等效声级）、隔声性能（隔声单值评价量和频谱修正量）以及混响时间等指标，汇总于图4-22。

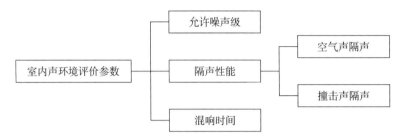

图4-22 室内声环境常用性能评价指标

2）光环境评价指标

对于室内光环境的评价，目前相关标准设计的参数主要包括照度、采光系数、均匀度、眩光指数等，对于人工光源还会有亮度、色温、显色指数等参数。建筑室内光环境常用评价指标汇总于图4-23。

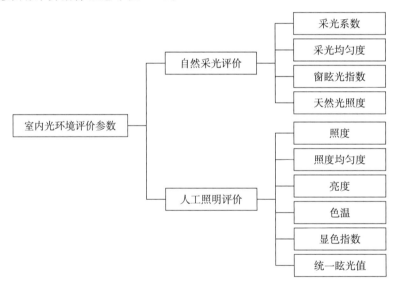

图4-23 建筑室内光环境常用评价指标

其中，《建筑采光设计标准》GB 50033-2013在使用采光系数作为评价指标的同时，还给出了相对应的室内天然光照度值，从而与视觉工作所需要的照度值建立了关联，还便于与照明设计标准规定的照度值进行比较。表4-24即为《建筑采光设计标准》GB 50033-2013对于我国Ⅲ类光气候区规定的采光标准值，按室外设计照度值15000lx计算了室内天然光照度标准值。

3）热湿环境评价指标

通过对《民用建筑室内热湿环境评价标准》GB/T 50785-2012和《民用建筑供

采光等级	侧面采光		顶部采光	
	采光系数标准值（%）	室内天然光照度标准值（lx）	采光系数标准值（%）	室内天然光照度标准值（lx）
I	5	750	5	750
II	4	600	3	450
III	3	450	2	300
IV	2	300	1	150
V	1	150	0.5	75

GB 50033–2013关于各采光等级参考平面上的采光标准值   表4-24

注：1.工业建筑参考平面距地面1m，民用建筑距地面0.75m，公共场所取地面。

2.表中所列采光系数标准值适用于我国Ⅲ类光气候区，采光系数标准值是按室外设计照度值15000lx制定的。

3.采光标准值的上限值不宜高于上一采光等级的级差，采光系数值不宜高于7%。

暖通风与空气调节设计规范》GB 50736-2016对比分析可见，室内热湿环境的评价主要包括两类指标：主观指标和客观指标。常见室内热湿环境质量评价指标汇总于图4-24。

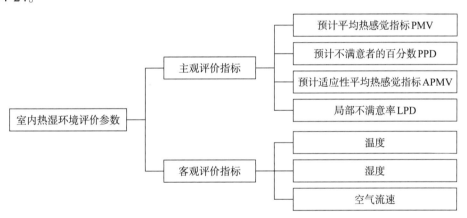

图4-24 室内热湿环境评价常见指标

4）空气质量评价指标

通过对我国现行室内空气质量相关标准的分析可见，室内空气质量评价主要对象是室内空气污染物浓度，包括甲醛、氨、苯、TVOC等挥发性有机物污染物，PM2.5、PM10等颗粒物污染物以及CO_2浓度。常见室内空气品质评价污染物指标汇总于表4-25。

（2）绿色建筑特点分析

基于以上室内环境性能评价的基础指标调研，进一步针对绿色建筑的评价体系，分析其对于室内环境评价的侧重点和要素，汇总如下。

常见室内空气质量评价的指标参数 表4-25

评价参数	采样测试要求
二氧化硫 SO_2	GB/T 18883-2002：1h均值 GB 3095-2012：年平均/24h平均/1h平均
二氧化氮 NO_2	GB/T 18883-2002：1h均值 GB 3095-2012：年平均/24h平均/1h平均
一氧化碳 CO	GB/T 18883-2002：1h均值 GB 3095-2012：24h平均/1h平均
二氧化碳 CO_2	GB/T 18883-2002：日均值 绿色建筑后评估技术指南（办公和商店建筑版）：日均值
氨 NH_3	GB/T 18883-2002：1h均值 绿色建筑后评估技术指南（办公和商店建筑版）：1h均值
臭氧 O_3	GB/T 18883-2002：1h均值 GB 3095-2012：日最大8h平均/1h平均
甲醛 HCHO	GB/T 18883-2002：1h均值 绿色建筑后评估技术指南（办公和商店建筑版）：1h均值
苯 C_6H_6	GB/T 18883-2002：1h均值 绿色建筑后评估技术指南（办公和商店建筑版）：1h均值
总挥发性有机物 TVOC	GB/T 18883-2002：8h均值 绿色建筑后评估技术指南（办公和商店建筑版）：1h均值
甲苯 C_7H_8	GB/T 18883-2002：1h均值
二甲苯 C_8H_{10}	GB/T 18883-2002：1h均值
苯并[a]芘 B(a)P	GB/T 18883-2002：日均值
可吸入颗粒物 PM10	GB/T 18883-2002：日均值 GB 3095-2012：年平均/24h平均
可吸入颗粒物 PM2.5	GB 3095-2012：年平均/24h平均 绿色建筑后评估技术指南（办公和商店建筑版）：24h均值
菌落总数	GB/T 18883-2002：依据仪器定
氡 ^{222}Rn	GB/T 18883-2002：年平均值（行动水平） 绿色建筑后评估技术指南（办公和商店建筑版）：年均值

1）声环境要素

绿色建筑评价标准中，在声环境方面主要对室内噪声级和构件隔声性能提出了评分要求，主要对标《民用建筑隔声设计规范》GB 50118-2010。在室内噪声级和构件隔声性能的具体要求上，绿色建筑评价标准的母标准和各系列标准略有不同（表4-26）。

2）光环境要素

绿色建筑的光环境营造主要以亲近自然为目标，引导优化利用天然采光，在满足人体健康舒适需求前提下尽可能降低能耗。因此，在绿色建筑的设计中，通常都

绿色建筑系列评价标准关于声环境的要求　　　　　　　　　　　表 4-26

标准	噪声级要求	空气声/撞击声隔声性能要求
绿色建筑	控制项：达到标准低限要求 3分：达到标准低高限要求平均值 6分：达到标准高限要求	控制项：达到标准低限要求 3分/3分：达到标准低高限要求平均值 5分/4分：达到标准高限要求
校园建筑	控制项：达到标准要求 一般项：对功能安排、隔声设计及混响时间提出要求	
商店建筑	控制项：满足标准低限要求 3分：达到标准低高限要求平均值 6分：达到标准高限要求	3分/1分：达到标准低高限要求平均值 4分/2分：达到标准高限要求
医院建筑	控制项：满足标准低限要求 10分：达到标准高限要求	控制项：满足标准低限要求 10分：达到标准高限要求
饭店建筑	控制项：满足标准二级标准要求 评分项：对客房、办公室、接待处等不同功能区域分别对应不同级别进行评分	控制项：空气声满足标准一级要求；撞击声满足标准二级要求。 评分项：对客房、门窗、楼板、外墙等隔声性能分别对应不同级别进行评分
博览建筑	控制项：满足标准低限要求同时满足展览建筑和博物馆建筑设计规范。 3分：达到标准低高限要求平均值 6分：达到标准高限要求	控制项：满足标准低限要求同时满足博物馆建筑设计规范。 3分/3分：达到标准低高限要求平均值 5分/4分：达到标准高限要求

注：表中提到的标准指《民用建筑隔声设计规范》GB 50118-2010。

鼓励对天然采光的充分利用，以满足人们的生理心理需求，适应昼夜节律，对身心健康起到积极的促进作用。

通过对绿色建筑评价系列标准以及绿色建筑后评估相关标准及文献研究，可以看出，绿色建筑中的天然采光评价都是对标《建筑采光设计标准》GB 50033-2013，采用采光系数标准值及采光系数达标面积比作为评分依据，同时辅助检查是否具有相关采光优化设计措施等（表4-27）。在满足平均采光系数要求的基础上，又根据主要功能房间采光系数满足要求的面积比例进行评判，将指标对应面积具体化、均匀化，避免了靠窗采光系数很高，而内区几乎没有采光的极端情况。

绿色建筑系列评价标准关于采光系数占比的要求　　　　　　　表 4-27

建筑类型	分值要求	面积比要求	其他要求
绿色建筑	4～8	60%～80%	无
校园建筑	—	75%～80%	行政办公用房达到75%，教室达到80%
商店建筑	5～10	50%～75%	只考虑入口大厅、中庭等高大空间
医院建筑	2～6	60%～80%	需要采取防眩光措施
饭店建筑	4～8	70%～90%	无
博览建筑	4～8	60%～80%	只考虑有采光需求的主要功能房间

3）热湿环境要素

绿色建筑评价系列标准中，对于热湿环境的评价主要对标《民用建筑供暖通风与空气调节设计规范》GB 50736-2016和《民用建筑室内热湿环境评价标准》GB/T 50785-2012，重点对室内设计参数、围护结构结露控制以及遮阳、供暖空调系统调节性等进行评分（表4-28）。

绿色建筑系列评价标准关于热湿评价的要求　　　　　　　　表4-28

建筑类型	评价要求
绿色建筑	控制项：温湿度、新风量等设计参数符合设计标准要求，围护结构内表面不得结露 评分项：根据采取不同遮阳措施、采暖空调系统不同调节形式进行分级评分
校园建筑	控制项：能够自然通风，具有合理通风路径并规定了有效通风开口面积占比 一般项：室内热环境满足GB/T 50785-2012中2级要求，围护结构内部及表面无结露发霉。应设置风扇，空调末端可调节等等
商店建筑	控制项：温湿度、新风量等设计参数符合设计标准要求，围护结构内表面不得结露 评分项：根据采取不同遮阳措施、采暖空调系统不同调节形式进行分级评分
医院建筑	控制项：温湿度、新风量等设计参数符合医院设计标准要求，围护结构内表面不得结露，保障有通风措施并能够调节 评分项：对开窗、遮阳、设备调节、净化过滤等措施分别评分
饭店建筑	控制项：温湿度、新风量等设计参数符合设计标准要求，围护结构内表面不得结露 评分项：对空调系统末端调节、平面布局、气流组织等措施分别评分
博览建筑	控制项：温湿度、新风量等设计参数符合通用设计标准要求同时满足展览建筑和博物馆建筑设计规范 评分项：对空调系统末端调节、遮阳调节等措施分别评分

4）室内空气品质要素

绿色建筑评价系列标准中，对于室内空气品质的评价主要对标《室内空气质量标准》GB/T 18883-2002和《环境空气质量标准》GB 3095-2012，重点对污染物浓度、通风换气情况等给出规定和评价（表4-29）。

绿色建筑系列评价标准关于室内空气品质的评价　　　　　　表4-29

建筑类型	评价要求
绿色建筑	控制项：污染物浓度符合GB/T 18883-2002要求 评分项：在优化建筑空间、平面布局、自然通风效果、气流组织、采取室内空气质量监测等方面进行分级评分
校园建筑	控制项：污染物浓度符合GB/T 18883-2002和GB 3095-2012规定 建筑材料中有害物质含量符合GB 18580～18588和GB 6566-2010的要求 优化项：采取室内空气质量监测
商店建筑	控制项：污染物浓度符合GB/T 18883-2002要求 评分项：在优化建筑空间、平面布局、自然通风效果、气流组织、采取室内空气质量监测等方面进行分级评分

建筑类型	评价要求
医院建筑	控制项：污染物浓度符合GB/T 18883-2002要求 评分项：在净化过滤、废气排放、新风过滤、采取室内空气质量监测等具体措施方面进行分级评分
饭店建筑	控制项：污染物浓度符合GB/T 18883-2002要求 评分项：在优化建筑空间、平面布局、自然通风效果、气流组织、采取室内空气质量监测等方面进行分级评分
博览建筑	控制项：污染物浓度符合GB/T 18883-2002要求同时满足展览建筑和博物馆建筑设计规范 评分项：在优化建筑空间、平面布局、自然通风效果、气流组织、采取室内空气质量监测等方面进行分级评分

（3）关键指标评价体系

如前所述，绿色建筑中的室内环境性能水平，是一个多维度、多参数、评价方法多样化、具有时间空间分布特性的复杂状态量。为其定义评价基准，首先需要界定基准线覆盖的范围。

通过前两部分对室内环境质量现有评价指标的汇总分析可见，目前对于热湿环境、光环境、声环境以及空气品质的评价参数已经较为全面和成熟，基本可以满足绿色建筑中对室内环境舒适度和健康性的评价。相关标准规范中对于室内环境指标的限值范围也是综合考虑多方面因素影响，既能够保证人员使用需求，又能在经济性、技术成熟度和可靠度方面适应当前行业水平。

因此，在当前评价指标基础上再提出适用于绿色建筑后评估的室内环境评价基准，需要着重从绿色建筑需求特点和指标参数的代表性等方面，进行重点指标的筛选和评价体系的构建。

1）声环境关键指标

在声环境方面，绿色建筑主要关注在室内噪声级和隔声性能方面相比于普通建筑，达到较高等级声学性能的建筑评分会更高。总体而言，在室内声环境的营造方面，绿色建筑主要是通过合理的建筑设计达到人体舒适性或者建筑功能性方面的声学专项要求。考虑项目测试及数据获取的可操作性，筛选室内噪声级作为评价声环境性能的核心指标。

2）光环境关键指标

在光环境评价方面，绿色建筑要尽可能多地利用天然采光，在满足人体健康舒适需求前提下最大限度降低能耗。充分参考目前对于绿色建筑评价指标的要求，筛选出采光系数作为核心评价指标；同时，考虑建筑照度需要达到基础要求，也应核查混合人工照明后的建筑整体照度达标情况。

对采光系数指标定义进行分析可见，由于建筑体型、房间进深以及周围遮挡物情况不同，采光在建筑空间分布上一定是不均匀的，做到建筑整体都达到同一水平要求是不可能的。因此，采光均匀度也是需要考量的重要因素，但由于采光均匀度的定义为参考平面上的采光系数最低值与平均值之比，从实际测量可行性来说，找到平面的最低值是十分困难的，因此采光均匀度更适用于单个房间的评价。对于整栋建筑采光均匀性的评价，还是考虑用采光系数达标面积占比增强可操作性。

3）热湿环境关键指标

在热湿环境评价方面，绿色建筑更关注于达到的舒适环境采用的各种技术手段的组合。结合对室内热湿环境不同舒适等级的定义和评价，可以看出，热舒适性有着较大的主观性和较宽泛的可接受范围，在当前已有标准定义的舒适范围内，较难提出更精确或者更适用的指标。

因此，绿色建筑对于室内热湿环境质量，主要是引导达到当前舒适要求的目标下，采用更为健康、节能的实现方式。综合考虑当前评价体系和数据测试获取的可行性等，筛选确定室内热湿环境后评价的核心参数指标为温度。考虑温度是典型的动态值，无论是在时间上还是空间上，建筑的温度分布都有着较大的不均匀性，而这种不均匀性对建筑整体的实际热舒适性感觉有着较大影响。因此，在温湿度指标的数据分析研究下，辅助进行达标时间占比的测试，从而验证绿色建筑在热湿环境营造方面的性能水平。

4）室内空气品质关键指标

在室内空气品质方面，绿色建筑评价除要求达到室内空气质量标准之外，还要积极引导良好的建筑空间布局、自然通风、气流组织及室内空气质量监测措施等。考虑室内空气污染物参数较多，综合考虑测量可操作性，最终研究选定的核心指标为 CO_2、TVOC 及 PM2.5。

综上所述，研究提出一套用于绿色建筑室内环境质量后评估的多参数综合评价指标体系，如图4-25所示。

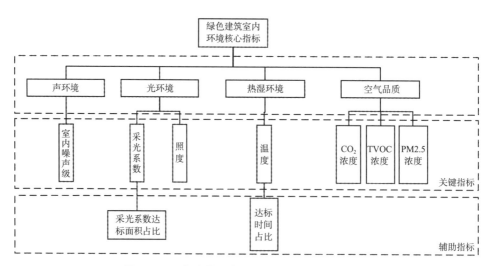

图4-25　绿色建筑室内环境质量水平的核心指标

4.3.2 室内环境性能主观评价

（1）主观评价方法

目前，常用的主观评价方法有排序法、成对比较法及等级尺度法3种。

排序法是将需要评价的对象就其某一属性进行比较排序。这种方法最简单，缺点是只能说明对象A优于B，但不能说明A优于B的程度。

成对比较法是将需要评价的对象成对地呈现在评估人员的面前，要求评估人员就某一评价属性进行相对判断，随后采用相应的统计方法得到最终的量化结果。优点是对于评估人员使用起来比较轻松，缺点是成对比较的总次数与评价对象的个数呈指数增长关系，当评价对象个数较多时，评价实验就变得难以实施。

等级尺度法是用数字或名称赋予评价对象及其评价属性，例如用1～10等级标尺。这种方法快捷且容易掌握，它的等级尺度信息可以直接得到。难点在于如何培训评估人员，以确保正确使用尺度。

（2）主观评价指标

1）室内光环境

关于光环境的评价方法，已有专门的标准《光环境评价方法》GB/T 12454-2017。光环境应采用光环境指数进行评价，光环境指数综合考虑了光环境对人的视觉功效、视觉舒适等因素的影响，采用实测和主观评价相结合的方式，用以确定光环境质量的指数。

评价分为主观评价（评分项）与实测评价（客观项评分）。评价组应包括专家评价组、用户评价组以及光环境测试组（用于实测评价）。

主观评价具体评分项由专家投票决定，得票率需高于50%。各评分项权重也可由专家们打分确定，根据问卷结果可得出专家与用户的光环境指数$S_{专家}$、$S_{用户}$。评分项分值为1～5分。对于实测评价，各项权重由专家给出，评分标准也由专家给出，根据测量结果可计算得出实测的光环境指数$S_{实测}$。

最终的光环境指数S为：$0.5 \times (0.5 \times S_{专家} + 0.5 \times S_{用户}) + 0.5 \times S_{实测}$。

2）室内声环境

声环境中造成干扰的主要因素包括：噪声的声压级（声音强度）、噪声的持续时间，噪声的频率特性和噪声中包含的信息量。噪声中包含的信息量越多越清晰时，如低语交谈声，即使声压级较低，但造成的干扰较大。噪声对人的干扰程度与噪声强度成正比，随噪声强度即声压级的增加而增加。除突发性的噪声以外，噪声环境的刺激量与时间长短关系不大。中、高频噪声引起的干扰大，低频的噪声引起的烦躁感更强。在环境噪声控制的过程中，以控制噪声的声压级为主，因此以噪声的声压级即噪声等级作为声环境的主要参数。现有标准LEED、BREEAM、WELL、《噪声控制法》《安静社区法案》等中对声环境的要求也是噪声值。

但噪声对人的心理和生理的影响是非常复杂的，是多方面的（如烦恼、语言干扰、行为妨害等），也因人而异，甚至有时噪声的客观量不能正确反映人对噪声的主观感觉，因而需要统计上能正确反映主观感觉的评价量，并把这些主观评价量同噪声的客观物理量建立起联系，这是噪声主观评价的任务。

声音可分为三个主要的分级指标：主观响度（安静程度）、好感度（舒适度）、协调度[27][56-61]。根据实际噪声情况还可进一步细化。评价方法可参照光环境。

3）室内热湿环境

热感觉是人对周围环境是"冷"还是"热"的主观描述。其不仅仅是由于冷热刺激的存在所造成的，而且与刺激的延续时间以及人体原有的热状态相关。热感觉属于心理物理学范畴，不能直接测量，只能采用问卷调研的方式即要求受试者按某种等级标尺来描述其热感觉。通过对受试者的调查得出定量化的热感觉评价，就可以把描述环境热状况的各种参数与人体的热感觉定量地联系在一起。

心理学研究表明，一般人可以不混淆地区分感觉的量级不超过 7 个，因此对热感觉的评价指标往往采用 7 个分级，见表4-30。

ASHARE 的七级热感觉标度 表4-30

ASHARE 热感觉标度						
+3	+2	+1	0	−1	−2	−3
热	暖	稍暖	中性	稍凉	凉	冷

4）室内空气品质

参照国内外有关建筑物室内空气品质的规范[57-63]进行评价分析，相关指标主要包括空气异味感、不适症状及空气品质满意度，见表4-31。

室内空气品质主观评价指标 表4-31

指标	定义	指标来源	指标限值
空气异味感	人们对室内空气的异味感受，分为无异味、轻微异味、中等异味、强烈异味及无法忍受异味	CIBSE，ISO/DIS 16814	无异味率50%
不适症状	室内空气环境对使用者的影响，分为器官（眼鼻耳喉干燥、疼痛）不适、皮肤干燥、神经系统（头痛、恶心、疲累、困倦、记忆力衰退）刺激、过敏反应（流泪、流鼻涕）及异味适应性	CIBSE，WHO，ISO/DIS 16814	不适症状率20%
空气品质满意度	人们对当前空气环境的接受程度	ASHRAE 6，ISO/DIS 16814	空气品质不满意率20%

4.3.3 基准线设定

基于以上对于绿色建筑室内环境现状问题及提升方向的分析，可从以下几个重点方向设定绿色建筑室内环境后评估基准：

（1）室内声环境方面，考虑用户对于声环境的需求情况和目前实际现状水平，提出达到国标低限值要求为基础级要求，达到国标高标准要求为优化级要求。

（2）室内光环境方面，对采光系数和照度指标提出达到国标要求为基础要求。考虑用户对于采光均匀度的需求以及参考实际项目模拟数据的分析结果，提出采光系数达标面积占比大于60%为基础级要求，而大于80%为优化级要求。

（3）室内热环境方面，对温度指标提出达到国标Ⅱ级舒适度要求为基础要求。考虑用户对于室内温度波动范围要求及参考实际项目测试分析结果，提出在空调采暖季使用期间温度达标时间占比大于50%为基础要求，达标时间占比大于70%为优化级要求，在过渡季温度达标时间占比大于70%为基础级要求，大于85%为优化级要求。

（4）室内空气品质方面，对CO_2、PM2.5、TVOC浓度在国标要求测试方法内的指标达到国标限值要求为基础级要求；考虑当前实际污染物水平和绿色建筑对于健康环境的提高需求，建议CO_2浓度和TVOC浓度的优化级要求为达到GB/T 18883-2002标准要求的80%以下，PM2.5浓度优化级要求为达到GB 3095-2012环境空气质量标准中一级水平要求，以引导绿色建筑对于室内污染物的控制。

在确定的关键指标体系基础上，结合绿色建筑室内环境现状及提升需求和实际指标水平，对关键指标提出绿色建筑室内环境基准线，如表4-32所示。

绿色办公建筑室内环境评价基准线　　　　　　　　　　表4-32

类型	评价指标	基准线	
室内声环境	室内噪声级	基础级	达到GB 50118-2010低限值要求
		优化级	达到GB 50118-2010高标准要求
室内光环境	采光系数	达到GB 50033标准要求	
	照度	达到GB 50034标准要求	
	采光系数面积占比	基础级	≥60%
		优化级	≥80%
室内热湿环境	温度	采暖空调季	达到GB 50736-2016标准Ⅱ级以上舒适度要求
		过渡季	GB/T 50785-2012标准Ⅱ级以上舒适度要求
	温度时间达标占比	空调采暖季	≥50%
		过渡季	≥70%
室内空气品质	基础级	CO_2浓度/TVOC浓度	达到GB/T 18883-2002标准要求
		PM2.5浓度	达到GB 3095-2012环境空气质量标准中二级水平要求
	优化级	CO_2浓度/TVOC浓度	达到GB/T 18883-2002标准要求的80%以下
		PM2.5浓度	达到GB 3095-2012环境空气质量标准中一级水平要求
主观评价	室内环境综合满意度水平	≥80%	

4.4 本章小结

　　本章节针对绿色建筑室内环境性能开展了国内外相关标准调研分析，并从声、光、热及空气品质等单项环境分别综述了相关指标和研究变化趋势。同时，结合对寒冷地区、夏热冬冷地区典型代表城市的绿色办公建筑室内环境测试与使用者主观满意度调研，比较分析了当前绿色建筑环境性能现状，系统梳理了室内环境性能的客观评价与主观评价方法，进而提出了绿色建筑室内环境性能评价关键指标体系及基准线设定方法，为绿色建筑性能综合后评估奠定了重要基础。

5.1 建筑后评估领域的研究进展

5.1.1 国内外后评估理论发展综述

（1）国外后评估理论发展现状

20世纪70年代，西方各国开始从本国长远发展的战略出发，引入后评估理论成果和实践经验，对国防、能源、交通、通信等基础设施以及教育、医疗等社会福利事业进行后评估，旨在提高资金的使用效率和管理服务水平。面向实际应用的使用后评估体系则开始于20世纪80年代的美国，触发其迅速发展的重要事件是发生在1973年和1979年的两次石油危机[64]，这两次危机促使人们迫切地寻找提高能源效率的策略，以应对石油危机带来的能源紧缺问题。由于发达国家建筑业的能源消耗占了全球一次能源使用量的20%～40%[65]，因此，此次危机的主要应对策略是增强建筑外围护材料的热惰性和气密性，以减少能源的消耗[64]。建筑使用后评估（Post-Occupancy Evaluation，POE）研究便从这时兴起，美国该领域的核心人物普莱策（W. Preiser）奠定了相对完整的理论基础，使用后评估的应用意义被推向一个实质性高度。

事实上，建筑使用后评估的历史可以追溯到20世纪60年代[66]，当时加州大学伯克利分校的Sim Van der Ryn和犹他大学的Victor Hsia从居住者的角度对大学宿舍进行了系统的评估。与此同时，英国利物浦大学的彼得·曼宁（Peter Manning）对办公大楼中的物理环境和人们的感受进行了研究[67]。"POE"一词首次出现在正式出版物是1975年1月的AIA杂志，由旧金山KMD建筑事务所的Herb McLaughlin提出。1988年，普莱策等撰写了POE教材，首次给出了POE的定义，认为"使用后评估是一个系统的、正规的评估流程，人们可以选择对一个建筑投入不同程度的时间、精力和资源，最后都可以在一两天、一两个月或更长时间中获得一个令人满意的评估结果。"[68]。普莱策系统地梳理了此前环境行为学家、环境心理学家、地理学家和人类学家所进行的后评估个案研究，提炼形成了较为完整的理论方法和具体操作流程。

随着POE的范围变得越来越广泛，行业于2002年对于POE又给出了新的定义，即"任何出于对学习建筑物性能（是否以及如何达到期望）的兴趣而发起的活动，建筑用户对现有环境的满意程度"[69]。

进入21世纪以来，建筑行业向节能和室内环境的改善有很大一个推动力是源于绿色建筑认证标准的驱动[70]。迄今为止，全球范围内至少有150种工具及基准测试方法用于建筑性能的评估[71]。但是，也有研究学者对绿色建筑是否实现真正节能[15][16][18][72]，以及对是否提供了更好的室内环境质量问题[73-78]，进行了持续的探究。在此背景下，基于POE理论的实证方法对研究已获得绿色建筑认证的建筑实际性能来说，正在变得越来越重要。大多数情况下，绿色认证标准主要应用于设计阶段，但是建筑物是否为绿色最重要的指标应该是校验其实际性能。针对实际性能方面，目前仅有少数的绿色建筑评价标准对于运行期间的评价给出了完整的方法，因此，POE被认为是帮助验证绿色建筑是否实现预期性能的一个新的研究工具。

（2）国内后评估理论发展现状

我国的后评估相关研究开始于20世纪80年代中后期，相比于国外起步较晚，该领域是随着环境心理学及环境行为学等学科的发展应运而生。目前，国内从事相关研究的机构主要集中在建筑规划、环境行为研究、建筑物理环境评估和设施管理等领域。

在标准文件方面，随着绿色建筑领域的国家战略推进和市场主体行动，我国绿色建筑标准体系建设工作也取得了长足的进展。然而其中略显不足的是，关于绿色建筑运行期性能评价的标准较少。尽管《绿色建筑评价标准》GB/T 50378-2014将绿色建筑评价划分为设计评价和运行评价两个阶段，但运行评价的定位还是以验证核实为主，并非从后评估的视角对绿色建筑的实效性能进行系统评估。2016年12月发布的行业标准《绿色建筑运行维护技术规范》JGJ/T 391-2016首次构建了绿色建筑综合效能调适体系，规定了绿色建筑运行维护的关键技术和实现策略，建立了绿色建筑运行管理评价指标体系，有利于优化建筑的运行，但这部标准着眼点还是在系统设备或者材料的保养、维修、维护方面。住房和城乡建设部于2015年发布的《绿色建筑后评估技术指南（办公和商店建筑版）》，可以说是我国首部以后评估作为方法论指引的绿色建筑标准性文件，但由于未进行广泛的工程应用，尚无法对其实用性进行校验。

在工程实践方面，部分高校和科研机构通过课题也开展了一系列探索性的工作。2014年6月，住房和城乡建设部专项课题"我国绿色建筑效果后评估与调研"通过验收，该课题研究了国外绿色建筑的后评估开展情况，对国内获得绿色建筑设计标识或运行标识的130个项目进行了实地调研，形成了《绿色建筑效果后评估与调研研究报告》和《后评估方法研究报告》，以及三个专题报告《部分地区绿色建筑调研专题报告》《部分企业绿色建筑调研专题报告》和《部分绿色建筑项目调研报告》。2016年7月，由清华大学牵头的国家"十三五"重点研发计划项目"基于实际运行效果的绿色建筑性能后评估方法研究及应用"启动，旨在从数据、理论、方法和标准层面，为我国绿色建筑开展实际效果导向的性能后评估工作奠定基础。图5-1汇总了国内外建筑后评估理论发展的历程。

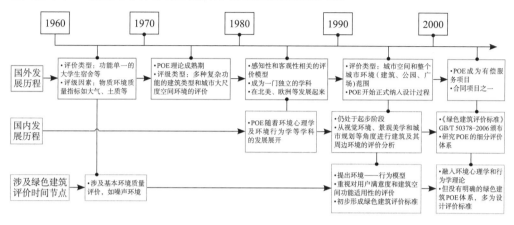

图5-1 国内外后评估理论发展的历程

5.1.2 面向建筑的使用后评估方法

（1）普莱策建立的后评估基本方法

目前认可度较高的建筑使用后评估的基本方法，来源于美国学者普莱策在1988年出版的专著《使用后评估》。该书中，普莱策将使用后评估分为描述式、调查式和诊断式三种类型，三者由浅到深、循序渐进[68]，见图5-2。在评估内容和实施步骤方面，除了评估结果的深度广度和投入的程度以外，这三种类型没有本质差别，但同样的评估内容在不同的实施步骤中所应用的方法则有所差异。

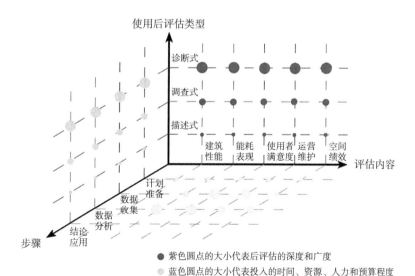

- ● 紫色圆点的大小代表后评估的深度和广度
- ● 蓝色圆点的大小代表投入的时间、资源、人力和预算程度
- ● 黄色圆点的大小代表针对不同评估内容应用的方法各不相同

图5-2 使用后评估基本方法原理示意图[79]

无论选择何种类型的使用后评估，都应包含三个主要步骤，分别是计划准备阶段、数据收集阶段和数据分析阶段[80]，每个具体步骤都有相应的基本方法和成果要求，汇总于表5-1。

普莱策提出的使用后评估二阶段方法描述 表5-1

步骤	工作重点		方法	成果
计划阶段	收集	与建筑相关的文字、照片、图纸、文件等资料	实地勘察、网上搜索、档案室调档、询问设计施工方等	一份详细的实施后评估计划书和相关资料附件包
	沟通	与建筑相关的所有利益相关方，如委托方、管理方、设计方、施工方和使用方等	访谈、电话、电邮、介绍信等	
数据收集	主观评价	收集由评估者通过观察发现的问题和使用者对建筑使用、运营、维护方面的主观评价信息	步入式观察（初步观察、现场测绘、空间观测、行为观测等）、访谈法（一对一访谈、深度访谈等）、问卷调查等	观察或访谈信息被整理成描述性报告和主要问题清单；问卷调查结果和客观测量数据被输入EXCEL软件，准备导入SPSS数理统计软件进行分析
	客观测量	测量室内环境质量数据（温湿度、光、声环境、空气质量等）和能耗数据（用水量、用电量等）	仪器测量、用水和用电量审计、能耗感应器记录等	
数据分析	应用统计学和评价学的分析方法试图在建筑性能和使用的表层现象中挖掘深层关联性和规律性，揭示问题的本质，提出评估结论和改善建议		失败树分析、对比评定、清单列表、语义学解析、多因子变量分析、层级分析、社会网分析、生命周期评估、质化分析等	一份配有文字、图片、数据图表的使用后评估结论报告

计划准备阶段，工作任务重点可以总结为"一收集""二沟通"。收集指评估方尽可能多地收集与建筑历史和背景相关的文字、图纸、图片资料，可采用实地勘查、网上收集、档案室调档等方式。沟通指与所有利益相关方进行沟通工作，如后评估委托方、建筑管理方、设计方、施工方、使用方等，使其了解后评估的意义和价值，并对后评估类型的选择达成一致共识，可采用访谈、电话、电邮联系或申请介绍信等多种方式。此阶段的最终成果是一份用以详细实施后评估的计划书和包含相关资料的附件包。

数据收集阶段，工作任务可以总结为两个方面："主观评价"和"客观测量"。主观评价包括步入式观察、访谈、问卷调查法等，对应的评估内容为使用者的满意度、运营维护效果等方面。客观测量包括室内环境质量监测、能耗统计与监测等，对应的评估内容为室内环境质量和能耗表现等。

数据分析阶段，主要工作任务是基于统计学和评价学的方法，在建筑使用和运营中互不关联的表层现象中挖掘出它们深层次的关联性和规律性。常用的统计分析方法有失败树分析法、对比评定法、清单列表法、语义学解析法、多因子变量分析法、层次分析法、社会网分析法、生命周期评估法、质化分析法等。常用的计算机辅助软件有统计产品与服务解决方案软件（Statistical Product and Service Solutions，SPSS）、层次分析法软件（YAAHP）和地理信息系统（Geographic Information System，GIS）等。

（2）以问题为导向的后评估方法发展

20世纪80年代，逐渐兴起了以问题为导向的使用后评估体系，聚焦三大方面内容——建筑能耗表现（Energy Performance）、室内环境质量（Indoor Environment Quality，简称"IEQ"）和使用者调查（Occupant Survey）。所采用的评估方法大致分为两个方向——主观评价和客观测量。主观评价则包括了使用者调查、访谈和步入式观察（Walkthrough）。客观测量包括室内环境质量，如热舒适度（Thermal condition）、光环境（Lighting）、室内空气质量（Indoor Air Quality，IAQ）、声环境（Acoustics）以及能耗表现，如能源和用水量的统计[70]。

20世纪90年代以来，随着信息技术的快速进步，后评估方法与技术衍生就是以这三大方面和两个方向为基础发展而来的，具体评估方法的内容见表5-2。

以问题为导向的后评估方法描述 表5-2

方法分类	内容	评估工具
客观测量	室内环境质量：室内温度、相对湿度、光环境、声环境、空气质量等	专门仪器测量，如温度计、温度仪、照度计和亮度计、声级计、环境噪声检测仪、空间质量检测仪等
	能耗表现：能源和水量	通过审计、账单、读表和感应器等方式
主观评价	使用者调查：包括使用者满意度调查、室内热舒适度调查、视觉舒适度调查以及与所评估项目特征相关的个性化调查	问卷调查法
	由使用者代表对建筑在运营使用时较为明显的优点和不足进行深入阐述	访谈法：包括结构性或半结构性访谈、深度访谈，访谈的对象有使用者、相关专家、设计师和管理方代表等
	由评估者凭借自身经验，辨别建筑中的主要问题	步入式观察，通过拍照和录像的方式记录、对照设计图纸、竣工图纸等材料的方式

（3）从案例分析发展成的方法标准

随着近三十年来的研究积累和计算机技术快速发展，西方各国的使用后评估研究都已经逐步从早期的个案研究，发展出了使用后评估标准体系。其中，比较有影响力的评估体系有英国的PROBE、美国的CBE和NEAT、澳大利亚的BOSSA、加拿大的COPE等。

由英国政府（环境、交通和区域发展部）牵头实施的建筑和工程使用后评估项目（Post-Occupancy Review of Building and their Engineering），简称为"PROBE"，是世界上首个对已建成的建筑进行一系列的使用后评估分析，并且把详细分析结果公开发布的项目。PROBE主要评估方向包括建筑技术和能源以及使用者感受，如舒适度、满意度、工作效率等方面[81]。研究主要通过两种较完善的建筑评估工具——BUS（Building Use Studies）问卷系统以及FARM-OAM系统，对评价内容进行量化分析，分析重点放在对建筑的整体使用性能有重要影响的14个关键指标上，通过两次实地调查完成所需数据的收集。调查结果可以与BUS系统中的基准数据线进行比对，直观反映建筑性能与其他建筑的差异[82]。

美国加州大学伯克利分校的建成环境中心（Center for the Built Environment），开发了一个简称为"CBE"的建筑性能评估体系，为建筑专业建立一个反馈循环系统，以此来了解不同的建筑设计特征和技术是如何影响使用者的舒适度、满意度以及工作效率。CBE建立了一种基于网络的调查方法，最大的优势是可以花费较少的资金进行调研；同时，也更便捷、更易重复。研究结果可以提供给管理者，通过及时的反馈来切实提高建筑性能，也可用于展示特定建筑技术和策略的有效性。

美国卡内基梅隆大学建筑性能与诊断中心开发的国家环境评估工具系统（National Environmental Assessment Toolkit），简称为"NEAT"，其工具包的核心内容包括硬件和软件、IEQ小车、使用者调查以及楼宇系统的技术指标文件审计。

此外，还有澳大利亚悉尼大学与悉尼技术大学联合开发的澳大利亚建筑使用者调查系统（Building Occupants Survey System Australia），简称为"BOSSA"，加拿大国家研究学会的高效开放式办公环境评估系统（Cost-Effective Open-Plan Environment），简称为"COPE"，使用者满意度调查问卷模版被"NEAT"系统直接引用。

国内，"十二五"期间由清华大学承担的公共机构环境能源效率调研课题，曾对北京、天津和青岛三地共30座公共机构进行了聚焦能耗表现、环境质量和使用者行为的后评估研究。此课题最重要的成果之一是提出了适用于中国的"环境能源效率"的概念，系指使用者的健康舒适感受与能源资源消耗之间此消彼长的关系。"环境能源效率"的定义中，环境性能（Quality，Q）作为分子，建筑外部环境负荷（Load，L）作为分母，二者"相除"（Q/L）得到效率，即将取得的"环境性能"收益与付出的"消耗"代价进行综合考量[83]。各国已建立的性能后评估标准及工具特点见表5-3。

通过以上各国已发布的后评估方法标准比对来看，从绿色建筑视角出发的性能评估内容占比不多，例如水资源消耗和用水效率，几乎未有涉及，已有的指标也缺乏综合的定量结果，无法达到与同类型建筑相对比的目标。

（4）主流绿色建筑评估标准中的运营期评估体系

目前，国际上应用最为广泛的绿色建筑评价体系均已推出了针对建筑运营的评级体系，例如美国LEED的O+M体系、英国BREEAM的In-use体系、日本CASBEE的Existing Building体系、加拿大BOMA BEST，以及与绿色运营关系密

各国已建立的性能后评估标准及工具

表 5-3

方法	年份	开发者	国家	建筑类型	评估内容	备注
Post-Occupancy Review of Building Engineering（PROBE）	1995	美国政府（环境、交通和区域发展部）	英国	办公建筑，教育建筑，政府建筑，医院建筑	• 通过办公人员评估方法（Office Assessment Method）进行能源审核 • BUS 调查 • 设计与施工 • 可维护性 • 描述性评估	• 不同的案例研究使用的方法可能有所不同。 • 一个案例一份研究报告
CBE Building Performance Evaluation（BPE）toolkit	2000	伯克利分校的建成环境中心	美国	办公建筑，教育建筑，政府建筑	• 使用者室内环境满意度调查：热舒适、办公家具、空气质量、光等 • 室内气候监控器：CO_2、干球温度、照度等 • 便携式地板送风系统（Underfloor Air Conditioning, UFAD）调试车 • 声级压力表	• 基于网络的线上调查 • 支持室内环境质量调查和性能评估的软件和硬件 • 地理信息系统 • 记分卡和报告生成工具
Cost-effective Open-Plan Environments（COPE）	2000	加拿大国家研究委员会	加拿大	办公建筑	• 手推车系统，用于测量声级、CO_2、CO、总碳氢化合物、甲烷等 • 夜间照度测量和语音清晰度 • 使用者的满意度调查	
NEAT	2003	卡内基梅隆大学建筑性能和诊断中心	美国	办公建筑	• 电费和燃气费 • 室内空气质量测量：用 NEAT 小车测量 CO_2、CO、PM 和 TVOC • 使用者：高效开放式办公环境评估系统（COPE）满意度调查问卷、访谈 • 热成像仪评估的热包络 • 建筑系统技术指标文件审计	NEAT 小车提供数据自动记录功能
Building Occupants Survey System Australia（BOSSA）	2011	悉尼大学，悉尼科技大学	澳大利亚	办公建筑	• 室内环境质量测量：BOSSA Nova 小车测量 CO、CO_2、TVOC、甲醛、声环境和照度 • 包括 9 个维度的使用者满意度调查	
"清华大学—环境能源效率"	2013	清华大学生态规划与绿色建筑重点实验室	中国	办公建筑，教育建筑，政府建筑	• 能源计量 • 室内环境质量监测 • 使用者室内环境质量满意度调查	

切的碳排放量核算标准ISO 14064等。

LEED O+M是美国绿色建筑协会针对既有建筑物开发的一个评估体系。目的是促进既有建筑物实现高性能、健康、持久和对环境无害的目标，旨在验证建筑在运营过程中所进行的更新、改善和维护保养等措施的实际效果，其理念是将建筑的运营效率最大化的同时，减少建筑对环境的影响。LEED O+M自2002年建立以来一共经历了5个版本，包括LEED-EB试行（2002）、LEED-EB2004、LEED-EB O+M 2008以及LEED-EB O+M 2009以及LEED-EB O+M V4、LEED-EB O+M V4.1。现行的LEED O+M V4.1评价体系，满分为110分，包括选址与交通（LT）、可持续选址（SS）、用水效率（WE）、能源与大气（EA）、材料与资源（MR）和室内环境品质（IEQ）这六个领域，另外在创新（IN）方面可争取得分。根据最终得分，评价结果分4个等级：40～49分为认证级、50～59分为银级、60～79分为金级、80分及以上为铂金级。为引导建筑物保持持续优良性能，针对O+M体系还推出了动态奖牌制度，项目方只提供数据模型、能耗水耗连续账单、定期使用者问卷和空气检测样本，就可在线获得可视化的分数，并与全球获得LEED认证的项目进行对标比较。

2009年，英国BRE Global开发了BREEAM In-use体系，这是针对既有建筑物的性能评估方法和认证方案，为可持续发展提供权威可信的衡量标准。BREEAM In-use的主要目的是以一种稳健且具有成本效益的方式减轻已有资产对环境的运营影响，该方案提供了一个整体的方法，使资产在大范围的环境问题（管理、健康和舒适、能源、交通、水、材料、废弃物、土地利用和生态以及污染）中得到评估。BREEAM In-use为建筑物所有者、设施管理人员、投资管理者和建筑物占有者提供一致和可靠的方法，确定建筑物的影响和性能并明确改进的领域，从而帮助建筑的业主降低运行成本、提高环保性能，最终实现建筑资产价值的提升。BREEAM In-use分为对资产、运行管理和组织水平进行评估。根据最终得分，采用6星的评级基准：10～25分为一星级、25～40分为二星级、40～55分为三星级、55～70分为四星级、70～85分为五星级、85分及以上为六星级。

日本绿色建筑委员会和可持续建筑联合会共同开发了适合日本的绿色建筑评估体系CASBEE（Comprehensive Assessment System for Building Environmental Efficiency）简称"CASBEE"[84]，并在实践中不断完善，逐步发展成了涵盖全生命周期的多层次的体系。2009年，"建筑物综合环境性能评价体系"更名为"建筑物可持续环境性能评价体系"[85]。随着体系的不断完善，CASBEE已经发展成可以适应不同阶段、不同尺度、不同用途、不同地域建筑的评估需求的一个庞大的体系。CASBEE评价体系围绕建筑物全寿命周期理念，从"环境效率"定义出发考虑建筑物的舒适度并进行评价，试图评价建筑物在限定的环境性能下，通过措施降低环境负荷的效果。CASBEE将评估体系分为Q（建筑环境性能、质量）与L（建筑环境负荷）。建筑环境性能、质量包括：Q_1—室内环境；Q_2—服务性能；Q_3—室外环境。建筑环境负荷包括：L_1—能源；L_2—资源、材料；L_3—建筑用地外环境。使用 BEE=Q/L来展示所具有的绿色性能程度，最终确定评价等级，分级方法见图5-3。CASBEE采用5分评价制。满足最低要求评为1，达到一般水平评为3。参评项目Q或L的最终得分为各个子项得分乘以其对应权重系数的结果之和，得出SQ与SL。

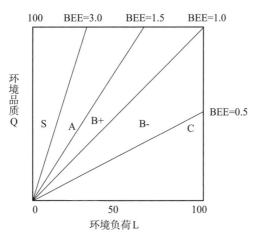

图5-3 建筑环境效率BEE分级图示

各国绿色建筑评价体系中的后评估方法特点对比见表5-4。从适用的建筑类型来说，BOMA BEST评价体系偏向于商业房地产行业的运营实践，相较于其他的评价体系范围较窄。对于具体的评价内容，这几类绿色建筑后评估评价体系基本围绕着"能源、水资源、材料、土地资源、室外、内环境质量"这几大项进行展开。在考虑室外环境时，英国BREEAM将"区域交通、废弃物的处理、污染的防止"三方面融合，同时统筹管理与创新。日本CASBEE将该指标进行精准的划分，以施

各国绿色建筑评价体系中后评估相关方法对比 　　　　　表5-4

国家	美国	英国	日本	加拿大
体系名称	LEED O+M	BREEAM In-use	CASBEE for Existing Building	BOMA BEST
年份	2002	2009	2004	2009
针对建筑类型	既有建筑和既有建筑内部	既有非住宅建筑物	既有建筑	既有商业办公和工业建筑
评价内容	选址与交通、可持续选址、用水效率、能源与大气、材料与资源和室内环境品质	建筑性能、运营性能和业主管理（能源、水、废物、管理、材料、健康舒适、废弃物、土地使用、交通）	建筑内部与外部（能源消耗、环境资源再利用、当地环境、室内环境）	能源、水资源、空气质量、舒适度、健康与保健、采购、托管、废弃物、现场、利益相关方
评价方法	评分设置控制项，分数加和	评分设置控制项，加权求和	利用建筑物的环境品质与性能和建筑物的环境负荷的比值	评分设置控制项，加权求和

工现场为基准，考察室内外的环境质量。英国的BREEAM与日本的CASBEE对室外环境的评价内容相对来说更加精细。

5.1.3 绿色建筑后评估的适用方法

绿色建筑使用后评估的模型构建思路，需综合考虑定量评价和定性评价两方面。其中，定量评价主要针对运营使用阶段的建筑性能和设备性能，定性评价主要针对使用者的满意度和行为模式，以及建筑管理者对设备性能评估的主观调研。综合两部分评价内容得到绿色建筑后评估总分，体现了被评建筑在运营使用阶段的综合性能水平，同时也可以确定未来提高和改善的方向路径。

基于前述部分对建筑性能评价常用模型框架的梳理，POE常用的评价模型主要有逻辑框架模型、对比分析模型、成功度综合评价模型、多指标权重层次分析模型、模糊层次分析模型、灰色度关联分析模型等几类，其优缺点详见表5-5。

常见后评估方法的优缺点分析

表5-5

类别	主要内容	优点	不足
逻辑框架模型	逻辑框架法的核心是明晰事物内在逻辑关系。实现目标以投入为前提，投入必然会有产出。评估内容分为目标、预期效益、过程投入和实际效果四个层次	逻辑关系强，操作性强	分析结果太主观，缺少定量分析
对比分析模型	"前后对比"法和"有无对比"法。"前后对比"将项目前期预测结论与实际效果比较。"有无对比"将项目带来的效益和影响与没有该项目进行全面对比	简单方便，易于使用	主观性太强，缺少定量分析
成功度综合评价模型	充分考虑专家经验的可行性，按照重要程度划分出多个等级，分别明确不同等级对应于完全成功、成功、部分成功、不成功和失败5个等级中的哪一等级，接着综合分析各层次指标重要性和成功度，最终得到项目的综合成功度	评估结果直观对评价结果一目了然	主观性过强，专家的经验易受到学科背景的限制
层次分析模型	把研究问题分解、分层，形成有序的递阶层次结构。在指标体系中分别比较指标间的逻辑关系和重要程度，确定指标在体系中的重要程度和权重	指标之间层次强、可靠性高、误差小	指标过多时难以保证科学性
模糊层次分析模型	善于将定性指标与定量指标的优点相互转化，从而实现定性指标定量化表示，便于通过量化数据反映出指标的特点；同时也可以把定量指标或定量结果定性表示，直观地反映出结果特征，摒弃数据结果晦涩难懂的缺点	定性问题定量化分析，增强可结果的科学性	依靠专家经验确定权重，主观性较强
模糊综合评判模型	构建多等级的模糊子集确定指标的等级隶属度矩阵，通过模糊综合转化对各指标进行综合评判，从而确定综合等级	能够解决模糊、不确定的评估问题，实现定性问题定量化处理	依然有主观性强的弊端，隶属关系难以明晰
灰色关联度分析模型	利用各方案与最优方案的关联度大小对评估对象进行比较、排序，最终得到结论	计算简单，对样本数量要求低，小样本即可	理论基础不足，信息重复高

通过上表分析可知，模糊综合评价模型可解决不确定因素的量化问题；多指标权重层次模型适用范围广并且评价体系中包括可量化的主观和客观评价指标；灰色模糊评价模型是降低不可控或不确定因素的影响进行评价；熵权优化模型主要用于同类项目的横向比较。从目前国内外绿色建筑评估体系来看，包括德国的DGNB、加拿大的GB TOOL、中国的《既有建筑绿色改造评价标准》GB/T 51141-2015、《绿色饭店建筑评价标准》GB/T 51165-2016等大多采用的是多指标权重层次分析模型。

考虑到多指标权重层次模型通过将指标体系逐级分层展开，并设置多级权重，加权汇总获得评价结果，可使指标之间层次强、可靠性高、误差小，在科学性和可扩展性方面有较大优势，因此宜优先考虑选取多指标权重层次模型作为基础模型，并充分借鉴国内外绿色建筑评价体系框架发展情况，建立符合国情并具有先进性的绿色建筑性能后评估指标体系。

5.2 绿色建筑性能后评估指标库

5.2.1 评估指标的筛选

现有的各类绿色建筑评价标准以及各国已发布的后评估方法中，针对运行性能评估的指标内容主要包括能耗能效、水资源利用效率和室内环境质量等方面。

Li等[70]对146个已开展过后评估的案例进行了研究，对其评价内容和方法进行汇总排序后，得到了6个使用频次最高的评价指标，分别是热舒适参数、照度、室内空气质量参数、噪声、能耗和用水量。各方法使用频次的百分比见图5-4，可见，热舒适是最为普遍采用的后评估指标，而用水量和噪声被使用的频次相对较低。

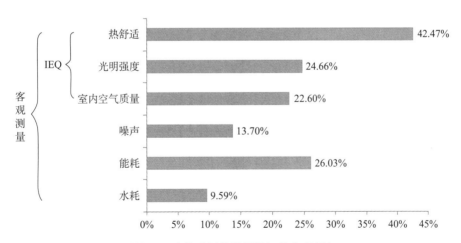

图5-4　建筑后评估常用指标的出现频率

为了避免与绿色建筑运行评价雷同，后评估指标体系应侧重体现建筑物所提供的环境品质、服务质量和与之匹配的能源和水资源消耗等。因此，尽管绿色建筑技术体系覆盖了场地规划、建筑和结构、材料资源等内容，但由于这些要素在建筑运营期已不可更改，因此在绿色建筑后评估指标中很少考虑纳入此类指标。

建筑物理环境、环境心理、环境行为、空间设施规划是各类后评估体系中，共性存在且相当重要的评价内容，而室内空气质量指标、室内照明指标、噪声控制指标、室内热舒适指标又是其中最为关键的评价指标。目前检索到的文献资料几乎都包含室内环境质量、能源、热舒适、光照等指标的情况分析，因此应重点将这些指标纳入评估体系。同时，结合我国国情，还选取了与绿色运营关系密切的碳排放量、建筑成本等创新指标。

对于建筑管理者的定向问卷调查，是建立绿色建筑性能后评估指标体系特别需要关注的一个重点内容，也是此前国内外的建筑后评估方法中鲜有涉及的。建筑管理者，其工作任务是观察、调控并维护楼宇系统和设备、确保其运行在设定工况，从而能较好地满足建筑内人员的使用需求。通过他们的视角和评论，能更好地还原建筑物的综合运行情况，以便衡量楼宇系统设备的实际运行表现。从物业的角度发起问卷调查，主观评价已建成楼宇各系统实际运行表现，可分析楼宇提供的环境质量，以及消耗资源和处理废弃物所造成的环境负荷。例如，楼宇的能耗很大程度上取决于楼宇系统和设备的选型设计和实际运行，而系统设备实际运行的表现主要被物业设备管理人员观察感知。

因此，我国现阶段开展绿色建筑性能后评估工作，需要充分借鉴吸收国内外建筑后评估领域的既有成果，对标主流绿色建筑评估体系中对于运营期间评价的主要导向，并立足中国国情，建立一套适宜实践推广的指标体系。这个指标体系应包括主观评价和客观测量两大类型，具备通用性和适度延展性，根据属性分为四个模块，包括主观评价模块—建筑使用者（Subjective-Occupancy，S_{OC}）、主观评价模块—建筑管理者（Subjective-Equipment Management，S_{FM}），客观测量模块—环境质量（Objective-Quality，O_Q）和客观测量模块—环境负荷（Objective-Load，O_L）。评估模块设计及具体指标说明详见表5-6。

绿色建筑后评估核心指标库一览 表5-6

模块分类	具体指标项
主观评价模块—建筑使用者 S_{OC}	室内物理性能 S_{OC-1}
	总体满意度 S_{OC-2}
主观评价模块—建筑管理者 S_{FM}	供暖空调及通风系统 S_{FM-1}
	电气系统 S_{FM-2}
	建筑用水情况 S_{FM-3}
	垃圾废弃物管理 S_{FM-4}
客观测量模块—环境质量 O_Q	室内声环境 O_{Q-1}
	室内光环境 O_{Q-2}

模块分类	具体指标项
客观测量模块—环境质量 O_Q	室内空气品质 O_{Q-3}
	室内热湿环境 O_{Q-4}
	用水质量 O_{Q-5}
客观测量模块—环境负荷 O_L	能耗 O_{L-1}
	水耗 O_{L-2}
	污染物控制 O_{L-3}
	建筑碳排放量 O_{L-4}
	建筑建造运营成本 O_{L-5}

5.2.2 评估指标层次模型

如前所述，绿色建筑性能后评估指标体系包括主观、客观两个部分，考虑到结果的有效性，在评价方法上应确保主观问卷调查与客观参数实测同时进行。主观评价模块根据与建筑的关系角度不同，又划分为使用者和管理者两个群体，通过针对不同的群体设置具有针对性的问卷调查，从而较为全面地判断建筑在运行过程中相关指标状况。

（1）主观评价模块—建筑使用者 S_{OC}

针对使用者的主观评价指标较为复杂，主观评价模块指标细化的依据主要来源于如BIU、CBE等现有评价模型，BUS、IQE问卷等相关指标内容，经过筛选后得到大部分的评价指标及其框架，此外还有部分指标来源于国内外文献总结[22][53][86-89]。

结合文献调研和实际需求，初步将指标进行了分级细化，构建了层次模型。其中，一级指标包括室内物理性能 S_{OC-1}、总体满意度 S_{OC-2} 这二项，不同类型的建筑均应涵盖这二项核心指标；二级指标则具有一定的弹性，可进行扩展和调整。以一级指标中的室内物理性能满意度 S_{OC-1} 为例，其下设的二级指标包括热湿环境、声、光等方面。

热湿环境是建筑环境设计中最主要的内容，温度、湿度、辐射和气流构成了热环境的四要素，对人体的热平衡均有影响[90]。ASHRAE Standard 54-1992将热舒适定义为：人体对热环境表示满意的意识状态，也就是是通过自身的热平衡和感觉到的环境状况综合起来获得是否舒适的感觉，是生理和心理上的。热湿感觉无法用直接的方法来测量，而是属于心理物理学范畴，因此适合采用问卷的方式了解受试者对环境的热感觉，即引导受试者按某种等级标度来描述其热感。

声环境造成不利干扰的主要因素包括楼板的隔声性能、房间隔声性能等。声环境是否良好也因人的主观感受而有所差异，因此，可以问卷的方式了解建筑使用者对声环境的评价。

视觉光环境是绿色建筑室内环境质量的另一个重点要素之一。人们通过听觉、视觉、嗅觉、味觉和触觉认识世界，在所获得的信息中约有80%来自光引起的视觉。因此，创造舒适的光环境、提高视觉效能，是室内环境营造中的一项重要任务。然而，目前我国建筑领域对室内采光系数、照度水平的实测研究数据相对较少，而设计阶段模拟预测的数据研究较多，本书将从使用者主观满意度评价建筑的光环境。除室内物理性能满意度外，对建筑室内空间与室外空间的总体满意度使得本研究对绿色建筑的评估角度更加全面，可从建筑使用者的角度了解绿色建筑在运行阶段的整体状况。

（2）主观评价模块—建筑管理者 S_{FM}

这部分旨在以物业管理者的视角，对楼宇设备系统的受控有效性予以评价，从而间接评估楼宇在物业人员进行管理的过程中，由于电力、燃气等能源消耗和固体废弃物等资源消耗所造成的环境负荷程度。以能耗为例，楼宇的能耗取决于系统和设备的选型设计和实际运行，而系统设备实际运行的表现主要被物业设备管理人员观察感知，因此需要对物业工程部人员进行一定深度的主观问卷调研。

从建筑管理者的视角，对于一栋绿色建筑运行期的评估，需至少包括供暖空调及通风系统 S_{FM-1}、电气系统 S_{FM-2}、建筑用水情况 S_{FM-3}、垃圾废弃物管理 S_{FM-4} 这四个一级指标。其中，供暖空调及通风系统方面，应重点考察空调系统配置与控制，人员使用与保养维护等指标；电气系统应重点考察电气设备的控制与人员使用等指标；建筑用水管理，应重点关注节水系统的使用、控制与故障率，绿化用水系统的使用与控制等指标；垃圾废弃物管理，重点审核废弃物管理内容与管理现状等指标。需要说明的是二级指标具有一定的弹性，可进行扩展和调整。

（3）客观测量模块—环境质量 O_Q

室内环境质量是可持续建筑性能的基本要素，室内环境质量会影响居住者的舒适度、健康和生产效率，对人体健康产生重大的影响。根据室内环境基准线的研究内容，绿色建筑后评估的客观测量模块—环境质量 O_Q 的一级指标主要包括室内声环境 O_{Q-1}、室内光环境 O_{Q-2}、室内空气品质 O_{Q-3}、室内热湿环境 O_{Q-4} 等。水质问题会造成人体健康、系统腐蚀、设备效率降低等一系列问题，用水质量与人们的日常生活息息相关，因此本书将用水质量 O_{Q-5} 纳入了客观测量模块—环境质量 O_Q。

室内声环境的测量是指室内的噪声级等情况，以室内噪声级 O_{Q-11} 这个二级指标来评价室内声环境的状况。PM2.5、TVOC、CO_2 等指标主要用以衡量室内空气品质。CO_2 浓度通常用来表征室内新鲜空气多少或通风程度的强弱，选用其为指标同时也反映了室内可能存在的其他有毒有害污染物的聚集浓度水平。用水质量考察内容主要包括日常生活饮用水水质 O_{Q-51}、直饮水水质 O_{Q-52} 和生活热水水质 O_{Q-53} 这几个与人们日常生活息息相关的水质指标，用其他水质 O_{Q-54} 来表示认为对人体影响相对较小的种类。其中，二级指标具有一定的弹性，可进行扩展和调整。

（4）客观测量模块—环境负荷 O_L

绿色建筑环境负荷的客观评价 O_L 主要通过能耗 O_{L-1}、水耗 O_{L-2}、污染物控制 O_{L-3}、建筑碳排放量 O_{L-4}、建筑建造运营成本 O_{L-5} 这五个一级指标进行衡量。

关于碳排放，近年来我国已形成不少的研究成果，有了较为成熟的计算方法和初步案例实践，国家标准《建筑碳排放计算标准》GB/T 51366-2019 和行业标准《民用建筑绿色性能计算标准》JGJ/T 449-2018 对于建筑碳排放的计算均进行了规定，这些标准为碳排放的计算奠定了基础。参考以上标准要求，绿色建筑碳排放评估指标选用单位建筑面积二氧化碳当量排放量作为评价指标，单位为 $kgCO_2eq/m^2$。

5.2.3 不同建筑类型的评估重点

办公、商业、学校、医院等不同的建筑类型，由于其使用对象不同、服务功能不同，因此选取的评估指标和评估重点也应当有所差异。Li 等认为，不同的建筑类型后评估的指标侧重会有所不同[70]。庄惟敏等认为，办公建筑的后评估应侧重能耗表现、室内环境质量和适用者舒适度等，医疗建筑的后评估应侧重使用者的空间体验和室内环境质量等[79]。

结合国内外文献研究，总结各类常见的建筑类型在后评估过程中需重点关注的评估重点，汇总于表5-7中。

不同建筑类型的指标侧重点　　　　　　　　　　　　　　　表 5-7

建筑类型	评估重点	后评估指标
办公建筑	能耗、室内空气品质、使用者满意度	能耗 O_{L-1}、室内空气品质 O_{Q-3}、总体满意度 S_{OC-2}
教育建筑	教室内的室内环境质量	环境质量 O_Q
医院建筑	室内环境质量	环境质量 O_Q
居住建筑	使用者舒适度	环境质量 O_Q
商店/博览建筑	能耗、室内空气品质	能耗 O_{L-1}、室内空气品质 O_{Q-3}
饭店建筑	用水质量、污染物控制	用水质量 O_{Q-5}、污染物控制 O_{L-3}

对于办公建筑，侧重使用者的满意度、室内空气品质及建筑能耗表现，建议使用主观问卷调查总体满意度 S_{OC-2} 和客观指标测量能耗 O_{L-1}、室内空气品质 O_{Q-3}；对于教育建筑，需更加关注教室内的室内环境质量，环境空间对教学效率的促进以及学生的活动和行为模式的适应性，因此，实地调研工作需特别重视；医疗建筑，由于服务对象的特殊性，更关注使用者的用户体验和空间安全性，如寻路的方便性、无障碍等，因此空间流线、布局、可达性等显得更加重要，此外，医疗建筑还需要严格的室内环境品质，尤其是声环境和病房区的污染物浓度；对于居住建筑而言，更关注小业主的舒适度和设备设施的操作使用便捷程度，因此，合理的使用者问卷调查比较重要；商店及博览建筑，由于运行时间长、能耗强度大、人员密度高，一

般更加关注能耗管理和室内空气品质；饭店餐饮建筑，由于和食品加工环节相关联，对于用水质量和废弃物管理的要求比其他类型建筑高出很多。

5.3 绿色建筑性能后评估方法

5.3.1 基于环境效率原则的评价方法

对于多指标体系下的最终评价结果输出，参考目前国内外的主流绿色建筑评价模型，基本可分为如下三类：

（1）简单加和总分模型

通过各个评价指标的得分直接求和，或根据评价指标达标项数之和，确定评价结果。此类评分模型以美国LEED、2006版《绿色建筑评价标准》GB/T 50378采用的评价指标体系为代表，其优点是简洁明了，适用于初期的理念传播和评估推广，缺点是缺乏重点引导方向，容易产生技术堆砌现象。

（2）加权求和总分模型

采用层次分析的方法，将指标体系逐级分层展开，并设置多级权重，通过复杂的加权求和汇总得到评价结果。此类评分模型以BREEAM体系和2014版《绿色建筑评价标准》GB/T 50378为代表。其优点是科学性较强，适用于成熟期的大规模推广和不同项目之间横向比较。此外，通过权重体系的引入，可以对不同建筑类型和不同技术内容给予区分和引导。同样，该模型也有缺点，例如一套复杂的权重体系，需要解决赋分的科学基础和普适性。

（3）比值判定模型

这类方法通常指的是"建筑环境效率"，也就是"建筑环境质量与性能（Quality，Q）"和"建筑外部环境负荷（Load，L）"比值模型。以L和Q分别为横、纵坐标，绘制二维空间图，通过不同区域的划分，来划定绿色性能等级，旨在引导项目在减少建筑环境负荷的同时，提高建筑环境性能。此类评分模型以日本CASBEE和我国《绿色办公建筑评价标准》GB/T 50908为代表，优点是科学性好，利于项目绿色性能的科学直观评价，缺点是过于专业，市场推动力不足。

此外，可供借鉴的评价体系还有LEED O+M和BREEAM In-use为代表的基于实际数据库的评价方式。其中，LEED O+M V4.1版本引入了ARC动态认证平台，将被评价建筑的实际能耗与Energy Star数据库进行比较，根据累计概率水平或能耗节省率进行打分。BREEAM则推出了一种定量建筑环境影响评价软件，其中包含一个庞大的数据库，提供了各种建筑元素的环境影响数据，有助于建筑师在设计前期对项目进行环境影响分析。

相比而言，日本CASBEE体系的"建筑环境效率"概念与目前我国绿色建筑新常态下的质量提升要求最为接近。Q-L二维的资源消耗的理念，相比于一维的加权求和方法，更能符合我国新时代的绿色建筑理念，最大限度地实现人与自然和谐共生的高质量建筑。

早在2013年，清华大学生态规划与绿色建筑重点实验室就采用了建筑环境效率Q/L的方法，对办公建筑、教育建筑、政府建筑等进行了能源计量、室内环境质量监测与使用者室内环境质量满意度调查，其中用到的建筑环境效率Q/L方法为我国绿色建筑后评估方法的制定奠定了扎实的理论和实践基础。

通过在"建筑环境质量与性能Q"和"建筑环境负荷L"为坐标的二维空间图上绘制额不同分布区域来划定绿色等级，有利于帮助被评建筑在减少建筑环境负荷的同时，有效地提高建筑环境性能。这种框架相对复杂，但在科学性和可扩展性方面都有较大优势，利于项目绿色性能的科学直观评价。因此，本书将以Q/L体系作为基础来构建我国绿色建筑后评估性能评价模型。

Q和L之下的分级指标体系，宜考虑采用多指标权重层次模型。参考国家标准《绿色建筑评价标准》GB/T 50378将各分项指标不得低于40分（2019版为30%得分率）基本分的方式，对项目的环境负荷设置低限值（L_{min}），并对高星级绿色建筑设置不同级别的环境质量低限值（Q_A、Q_B），模型表达效果如图5-5所示。

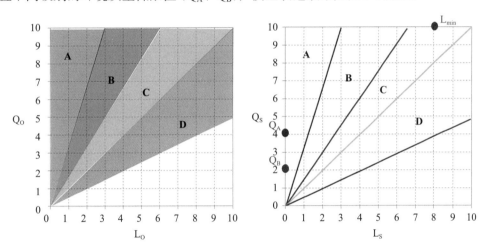

图5-5　主客观模型综合定量方式示意图

5.3.2　主观评价模块

（1）建筑使用者评估部分S_{OC}

国内外对于主观评价常用的研究方法为调研问卷或访谈法，因此本研究的主观评价模块-建筑使用者部分确定以问卷调查方式开展，根据调查满意度的统计分析报告确定本节得分。调查问卷发放者需具备相关专业知识，能对被调查者所提疑问做出讲解。当建筑使用人数不多于100人时，调查样本应基本覆盖所有人员。当调查对象大于100人时，问卷发放量不少于建筑使用人数的20%，且总数不少于100份。

在问卷中，评价尺度通常设为5级或7级[91][92]，评价尺度为5级的调研问卷能让采访者更容易被理解从而提高问卷的回复率，且调研的可信度随着评价尺度从2

级递增到5级而递增，但可信度在评价尺度大于5级之后维持不变[93][94]。因此主观建筑使用者问卷的评级标准可采用5分制，问卷形式示例如表5-8所示。

建筑使用者的问卷评价方式示例 　　　　　　表5-8

一级指标	二级指标	评分方式				
室内物理性能满意度S_{OC-1}	温度满意度S_{OC-11}	1 非常不满意	2	3	4	5 非常满意
	湿度满意度S_{OC-12}	1 非常不满意	2	3	4	5 非常满意
	声S_{OC-13}	1 非常不满意	2	3	4	5 非常满意
	光S_{OC-14}	1 非常不满意	2	3	4	5 非常满意
	室内空气品质S_{OC-15}	1 非常不满意	2	3	4	5 非常满意
总体满意度S_{OC-2}	对建筑总体运营情况的综合感受（包含室内空间与室外空间）S_{OC-21}	1 非常不满意	2	3	4	5 非常满意

（2）建筑管理者S_{FM}

通过问卷的方式，获取物业人员对该栋建筑适宜调节和适宜管理的感受，问题设置覆盖了供暖空调及通风系统S_{FM-1}、电气系统S_{FM-2}、建筑用水情况S_{FM-3}、垃圾废弃物管理S_{FM-4}四方面。如前所述，建筑管理者S_{OC}也采用5分制量表，问卷形式示例如表5-9所示。

建筑管理者的问卷评价方式示例 　　　　　　表5-9

一级指标	二级指标	评分方式				
供暖空调及通风系统S_{FM-1}	空调系统配置与控制S_{FM-11}	1 低效	2	3	4	5 高效
	人员使用与保养维护S_{FM-12}	1 不便利	2	3	4	5 便利
电气系统S_{FM-2}	电气设备的控制与人员使用S_{FM-21}	1 不便利	2	3	4	5 便利
建筑用水情况S_{FM-3}	节水系统的使用、控制与故障率S_{FM-31}	1 不节水	2	3	4	5 节水
	绿化用水系统的使用与控制S_{FM-32}	1 不便利	2	3	4	5 便利
垃圾废弃物管理S_{FM-4}	废弃物管理内容与管理现状S_{FM-41}	1 差	2	3	4	5 好

5.3.3 客观测量模块

（1）环境质量部分 O_Q

客观测量模块环境质量 O_Q 的评价指标包括室内声环境 O_{Q-1}、室内光环境 O_{Q-2}、室内空气品质 O_{Q-3}、室内热湿环境 O_{Q-4}、用水质量 O_{Q-5}。客观测量模块环境质量 O_Q 的评价采用插值法或分档得分的方式，对每个指标进行评价。

对于环境质量 O_Q 的评价，例如测量室内热湿环境 O_{Q-4} 指标中的温湿度，首先需准备远程室内空气质量监测仪，对主要功能房间进行抽样布点，连续监测温湿度和风速等参数，采样间隔15min，然后将客观测量结果与《民用建筑供暖通风与空气调节设计规范》GB 50736、《采暖通风与空气调节设计规范》GB 50019、《公共建筑节能设计标准》GB 50189中对应类型房间的要求进行比对，最后采用插值法或分档得分等评分方式计算此指标的得分。

（2）环境负荷 O_L

环境负荷 O_L 的评价指标包括能耗 O_{L-1}、水耗 O_{L-2}、污染物控制 O_{L-3}、建筑碳排放量 O_{L-4}、建筑建造运营成本 O_{L-5}。

1）环境负荷 O_L 的指标如能耗 O_{L-1} 指标的评价步骤如下：

a）确定参评建筑所处气候区，获取建筑面积等基本信息；

b）获取建筑物在一个时间周期（通常为连续12个月或一个日历年）中能源实际消耗量；

c）计算参评建筑单位建筑面积（扣除车库面积）能耗；

d）将被评建筑的能耗指标实测值结果与本书中能耗基准线研究确定的上下区间值进行比对，采用线性插值法确定分值。

2）以办公建筑为例，水耗 O_{L-2} 指标的评价步骤如下：

a）收集参评建筑一个时间周期（通常为连续12个月或一个日历年）的办公人数、访客人数、用餐人数等数据；

b）获取建筑物在一个时间周期中办公用水、食堂用水、空调用水、室外杂用水等用水的实际消耗量，进行加和得到参评建筑的实际用水量；

c）以《民用建筑节水设计标准》GB 50555中给出的各类用水定额以及本书第3章水耗基准的研究等为基础，结合调研数据的实际情况，查询办公、食堂用水量的修正因子，确定办公用水、食堂用水、空调用水、室外杂用水的水耗基准进行加和得到参评建筑的水耗基准；

d）基于参评建筑的水耗基准的分档得分要求，对比参评建筑的实际用水量，得到参评建筑水耗 O_{L-2} 指标的分值。

3）污染物控制 O_{L-3} 的二级指标废气污水噪声排放 O_{L-31} 通过现场查看设施、监测/检测数据来评价建筑运行过程中产生的废气、污废水、噪声等污染物是否达标排放。二级指标垃圾分类收集 O_{L-32} 现场查看设施、运行记录。

4）通过收集施工期间各类建材用量、运行期能耗等数据，根据国家标准《建筑碳排放计算标准》GB/T 51366统计计算二级指标单位建筑面积的碳排放量O_{L-41}，本研究以建筑碳排放量不高于国内同类建筑碳排放量的平均水平为评分依据。

5）建筑建造运营成本O_{L-5}下设的二级指标建筑建造运营成本展示O_{L-51}是以统计估算建筑建造及50年运营累计成本，评价参评建筑成本是否不高于国内同类建筑成本的平均水平。

5.4 绿色建筑性能后评估的标准研究

在后评估理论、方法、指标和评价模型进行系统深入研究的基础之上，上海市建筑科学研究院及住房和城乡建设部科技与产业化发展中心等联合有关单位在2017年启动编制了中国工程建设标准化协会标准《绿色建筑运营后评估标准》，将一部分课题研究成果转化为标准，用于指导绿色建筑投入使用后的实施效果评价，旨在进一步明确体现绿色建筑对节能减排和改善民生健康的效果。

作为国内工程建设领域首部聚焦于绿色建筑的后评估标准，该标准一方面有利于理清社会各界对绿色建筑的认知误区，给出绿色建筑性能评估的科学方法论；另一方面，可通过对设计前端的反馈，促进绿色建筑的设计和使用水平不断优化，引导绿色建筑行业持续健康发展。经过历时一年半的协作攻关，该标准已于2019年7月正式发布，本节主要对该标准编制过程中的重点内容进行介绍。

5.4.1 标准框架体系和共性指标模型建立

（1）整体评价模型和指标体系

结合本章前述部分对后评估常见方法和模型特点的总结比对，以及对于绿色建筑后评估的模型适用性分析，评价标准包含了主观和客观评价因素，在指标体系框架上选取了权重层次模型作为基础模型。针对我国在能源总量控制下追求适度舒适的国情特点，在整体性能评价方面，标准编制时选取了Q-L方法作为总体评价模型，作为环境质量的Q和环境负荷的L，其下设置的多指标体系则采用了上述的权重层次模型获得各自的分值。

（2）共性指标的绿色度模型

对于具体评估指标的展现形式，一般存在措施性指标和性能指标两类，且从实效控制角度出发，目前行业一般更加关注性能指标，强调总量和强度的"双控"，即针对某项指标直接提出总量和单位耗量的限定值要求，控制效用显著。

在这一背景上，标准编制中提出了用以衡量部分核心评估指标的共性评价指标模型，称之为"绿色水平"，通用公式如下所示。

$$绿色水平 = \left| \frac{参照建筑消耗量（或性能）-建筑实际消耗量（或性能）}{参照建筑消耗量（或性能）-满分建筑消耗量（或性能）} \right| \times 100\% \quad (5-1)$$

该指标模型旨在通过考量建筑某项评价指标的实际消耗量（或性能）水平与参照建筑消耗量（或性能）和满分建筑消耗量（或性能）之间的接近程度，评价该项指标的绿色水平。其中，参照建筑消耗量（或性能）对应的是目前行业领域内常规建筑水平，满分建筑消耗量（或性能）对应的是目前行业领域内优秀建筑水平。对于绿色水平的结果，越接近于1，则代表该项指标越趋近于理想的建筑性能表现；越趋近于0，代表该项指标距离行业先进水平的差距越大。

5.4.2 指标体系、权重设置与评级方法

（1）评估指标体系确定

标准的构建目标是要客观反映建筑的综合性能和实施效果，进一步提升展示度和感知度，因此指标选择上倾向于综合化、集中化和效果导向。课题组在表5-6归纳的指标体系基础上，进一步分析研究并向行业专家和建筑使用者征求意见，对指标库中的关键指标进行了进一步的筛选和合并，充分考虑到标准编制的技术成熟度以及用户理解度、行业认可度和工程可行性等因素，最终确定纳入本次标准评价的绿色建筑运营后评估指标体系的9大核心指标：污染物控制、碳排放、建筑能耗、水耗、空气质量、用水质量、室内舒适度、建设运营成本、用户满意度。由于建筑管理者主观评价方法及其与其他指标综合定量的方法仍处于学术研究阶段，本次标准中暂时未纳入此项指标。

按照Q-L方法论，将上述9大指标分为环境负荷L和环境质量Q两大类。其中，L指标是指建筑项目对外部环境和社会经济等造成的影响或冲击，包括污染物控制（L_1）、碳排放控制（L_2）、建筑能耗（L_3）、水耗（L_4）、建设运营成本（L_5）；Q指标是指建筑项目范围内影响使用者的环境品质，包括空气质量（Q_1）、用水质量（Q_2）、室内舒适度（Q_3）、用户满意度（Q_4）。为便于实操，每个一级指标总分值统一设置为10分，其下包含若干二级指标，每个二级指标通常设置有1到3级分档得分，并被赋予不同分值。本次标准中的指标体系和分值分配详见表5-10。

绿色建筑运营后评估标准指标体系　　　　　　　　　　　表5-10

一级指标	二级指标	分值
各类污染物控制达标 L_1	废气污水噪声排放	5
	垃圾站卫生状况	3
	垃圾分类收集和处理	2
建筑碳排放量控制 L_2	建筑运行阶段碳排放量展示	4
	建筑碳排放量逐年分析及优化	4
	建材生产及运输阶段碳排放量	1
	建筑建造及拆除阶段碳排放量	1
建筑能耗强度 L_3	能耗指标实测值	10

一级指标	二级指标	分值
建筑平均日用水量 L_4	建筑平均日用水量	10
建筑建造运营成本 L_5	建筑建造运营成本展示	6
	建筑建造运营成本经济合理	4
室内空气质量 Q_1	室内二氧化碳浓度	2
	室内细颗粒物（PM2.5）浓度	2
	室内 TVOC 浓度	2
	室内甲醛浓度	2
	室内氨浓度	1
	室内苯浓度	1
用水质量 Q_2	生活饮用水水质	7
	直饮水水质	1
	集中生活热水水质	1
	其他用水水质	1
建筑室内物理性能 Q_3	室内背景噪声	2
	专项声学性能	1
	天然采光质量	2
	人工照明质量	1
	热舒适质量	4
用户使用感受 Q_4	建筑室外环境满意度	2
	建筑室内空间满意度	2
	建筑总体综合满意度	6

以下分别对主要指标确定依据和方法进行介绍。

1）污染物控制指标

住宅建筑和公共建筑的运营过程中会产生污水和废气，从而造成多种有机和无机的化学污染、放射性等物理污染、病原体等生物污染，同时还有噪声、电磁辐射等物理污染。指标要求根据建筑功能、场地内的污染源种类及排放情况，确定重点关注的污染物种类，其检测指标均需达到相应的污染物排放标准要求，如《大气污染物综合排放标准》GB 16297、《锅炉大气污染物排放标准》GB 13271、《饮食业油烟排放标准》GB 18483、《污水综合排放标准》GB 8978、《医疗机构水污染物排放标准》GB 18466、《污水排入城镇下水道水质标准》GB/T 31962、《社会生活环境噪声排放标准》GB 22337、《制冷空调设备和系统 减少卤代制冷剂排放规范》GB/T 26205 等。

2）建筑碳排放指标

现行国家标准《建筑碳排放计算标准》GB/T 51366-2019和行业标准《民用建筑绿色性能计算标准》JGJ/T 449-2018对于建筑碳排放的计算进行了详细规定，参考以上标准要求，并结合国内外研究现状，本标准对于绿色建筑运营后评估时的碳排放的计算采用单位建筑面积二氧化碳当量排放值作为核心评估指标，单位为$kgCO_2eq/m^2$。本条涉及的碳排放计算范围主要包括建筑运行阶段、建筑施工及拆除阶段，以及建材生产及运输阶段，碳排放量的计算结果为各阶段单位建筑面积二氧化碳当量排放量之和。碳排放计算过程中涉及的各类常见因子可参考《建筑碳排放计算标准》相关缺省值。

因建筑碳排放量相关数据统计和分析工作上存在缺失，本条未提出具体量化数值要求，仅要求对于统计计算结果进行展示即可得分，另外如果对于逐年碳排放量变化情况进行展示和分析改进的话，可获得更多分值。

3）建筑能耗强度指标

为定量化衡量绿色建筑使用阶段在建筑综合能耗方面的实际性能表现，提出本条指标要求。本指标限值参考《民用建筑能耗标准》GB/T 51161-2016中的规定给出，将其约束值和引导值作为本标准要求的上下限值。

4）建筑用水量指标

建筑投入运行一年以后，根据年总生活用水量、年用水天数、实际使用人数可以计算得到实际运行人均平均日用水量，该用水量可以体现建筑采用的各项节水技术的综合实施效果，将这一指标与《民用建筑节水设计标准》GB 50555-2010中规定的建筑平均日生活用水节水用水定额范围值进行比较，将其节水用水定额范围的上下限值作为本标准要求的上下限值。

5）室内空气质量

参考国家标准《绿色建筑评价标准》GB/T 50378-2019、《室内空气中二氧化碳卫生标准》GB/T 17094-1997，提出本条指标要求，明确了室内空气中CO_2、PM2.5、氨、甲醛、苯、总挥发性有机物、氡等污染物浓度限值。

6）建筑用水质量

为定量化衡量生活饮用水、直饮水、集中生活热水等水质，提出本条指标要求。饮用水水质从用水舒适和用水健康的角度出发，在现行国家标准《生活饮用水卫生标准》GB 5749-2006的基础之上，对生活给水的总硬度、浊度和菌落总数提出更高的要求。对于设置直饮水的项目，现行行业标准《饮用净水水质标准》CJ 94-2005规定了管道直饮水系统水质标准，主要包含感官性状、一般化学指标、毒理学指标和细菌学指标等项目。现行国家标准《建筑给排水设计规范》GB 50015-2003（2009年版）规定生活热水供水温度应控制在55～60℃之间，并规定生活热水水质的水质指标应符合现行国家标准《生活饮用水卫生标准》GB 5749-2006的要求。

非传统水源一般用于生活杂用水，包括绿化灌溉、道路冲洗、水景补水、冲厕、冷却塔补水等，其不同用途应达到相应的水质标准，如：用于冲厕、绿化灌溉、洗车、道路浇洒、水景补水应符合现行国家标准《城市污水再生利用 城市杂用水水质》GB/T 18920、《城市污水再生利用 绿地灌溉水质》GB/T 25499、《城市污水再生利用 景观环境用水水质》GB/T 18921等城市污水再生利用系列标准的要求。对于设置游泳池的项目，现行行业标准《游泳池水质标准》CJ/T 244在游泳池原水和补水水质指标、水质检验等方面做出了规定。对于设置了采暖空调循环水系统的项目，现行国家标准《采暖空调系统水质》GB/T 29044规定了采暖空调系统的水质标准。

7）室内物理性能

为定量化衡量绿色建筑使用阶段在室内声学、光学以及热舒适等对健康环境营造方面有重要影响的性能指标实际表现，提出本条指标要求。本条文下设主要功能房间室内背景噪声、特殊功能房间专项声学性能、天然采光质量、人工照明质量以及热舒适质量五项指标。

室内背景噪声的评估以主要功能房间的室内噪声级水平为主要指标，与现行国家标准《民用建筑隔声设计规范》GB 50118中对应类型房间的低限值和高标准要求值进行比对评分。专项声学性能的评估以特殊功能用途房间的混响时间等声学参数是否满足相应功能要求为主要指标，需满足相应功能空间声学设计标准要求。天然采光质量的评估以室内采光系数达标率为主要指标，采光系数根据《建筑采光设计标准》GB 50033按不同建筑功能类型提出要求。人工照明质量的评估以照度和显色指数为主要指标，按《建筑照明设计标准》GB 50034中不同功能类型房间提出要求。热舒适质量的评估以温度、湿度为主要指标，按《民用建筑供暖通风与空气调节设计规范》GB 50736-2012、《公共建筑节能设计标准》GB 50189-2014中不同功能类型房间提出要求。

8）用户使用感受指标

用户使用感受方面使用用户满意度指标来评估。用户满意度指标密切关注用户对室外公共环境、交通环境、室内环境以及心理健康等方面的需求，通过李斯特量表5级满意度的调查问卷，调查统计得到建筑使用者的使用感受满意度。

9）建筑成本指标

为定量化衡量绿色建筑建造和运营使用阶段的经济成本投入情况，提出本条指标要求。建筑成本的计算方法参考了国际标准ISO 15686-5（Buildings and constructed assets-Service-life planning-Part 5：Life-cycle costing，房屋和建筑资产-工作寿命计划-第5部分：生命周期成本）和德国可持续建筑评价标准（DGNB）中"经济质量"一章中的条文ECO1.1 "生命周期建筑物成本"的相关方法，并结合国内情况进行了一定简化。成本计算所需的一些参数因子，可借鉴相关标准给出的缺省值，也可根据行业和项目情况有针对性的赋以更准确的数值。

因建筑建设运营成本相关数据统计和分析工作上存在缺失,本条未提出具体量化数值要求,仅要求对于统计计算结果进行展示即可得分。另外,如果建筑成本相对更经济合理,则可获得更多分值。对于建筑成本的经济合理性的判断,可通过与国内同类建筑的成本水平比较来实现。国内同类建筑的成本水平可由参评建筑项目方通过对同类建筑的调研统计得到,也可由评估专家和评估机构不断收集相关建筑项目数据,不断充实完善评估数据库。国内同类建筑成本的平均水平可取数据库中相关数组的50分位值(中位数),成本的较低值水平可取数据库中相关数组的25分位值(前1/4)。建筑成本不高于国内同类建筑成本的平均水平时可得较低分数,不高于国内同类建筑成本的较低值水平时可得较高分数。

(2)权重体系与等级划分

按照前文介绍,本标准选取Q-L体系作为后评估框架体系,Q和L下设的指标体系采用权重层次模型架构。

标准编制充分考虑到办公、商场、酒店等不同类型建筑,参考现行有关国家标准如《绿色办公建筑评价标准》《绿色商店建筑评价标准》《绿色医院建筑评价标准》《绿色博览建筑评价标准》《绿色饭店建筑评价标准》中相关类型的指标权重,结合各类绿色建筑运营后评估的特点对于后评估的差异化需求,对于标准中的9个一级指标分别设置了不同的权重系数,并面向专业机构和从业人员进行了广泛的意见征求,随后又开展了若干项目试评后,才综合调整确定了最终的权重系数表。

为了便于理解和推广,标准定义的绿色建筑运营后评估分为4个认证等级,即钻石级、金级、银级和铜级(见图5-6)。具体分级方法是根据Q指标和L指标的得分,在Q-L图中确定该项目所处的位置,A区的项目可获得钻石级,B区的项目获得金级,C区的项目可获得银级,D区的项目可获得铜级。采用此类等级命名方法,而非采用星级划分法,也是为了更便于普通民众理解,提高标准的接受度。结合我国国情和行业最新发展动向,既要强调资源节约、环境保护,又要关注建筑环境质

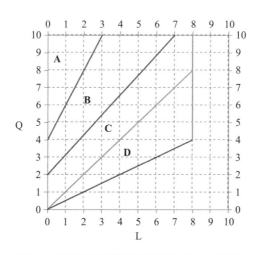

图5-6 绿色建筑运营后评估标准的Q-L分级图

量、使用者获得感，因此结合项目试评情况，对不同等级的环境质量指标Q提出必须达标的低限值要求；同时，对环境负荷指标L提出的不能突破的高限值要求。

5.5 本章小结

本章梳理了国内外后评估理论的发展概况以及绿色建筑后评估方法，通过文献调研、问卷调查等方法，提出了适宜我国国情的绿色建筑后评估指标。基于环境效率原则的评价方法，从主客观角度出发，将后评估指标分为主观评价模块-建筑使用者 S_{OC}、主观评价模块-建筑管理者 S_{FM}、客观测量模块-环境质量 O_Q、客观测量模块—环境负荷 O_L 四个模块，各模块下设一级指标和二级指标，二级指标可依据自身特点采用问卷调查、插值法或分档得分等具有可操作性的评价方式得到。

由于我国绿色建筑后评估方法还处于前期阶段。基于评价指标的可操作性、评价体系的系统性、科学性、先进性等原则，二级评价指标具有一定的弹性，可进行扩展和调整，以持续对绿色建筑后评估方法进行完善。

本章选取了位于上海、重庆、天津和深圳这四座代表性城市的典型绿色建筑案例开展性能后评估工作，其研究持续了至少一个自然年，包括前期资料收集和方案编制、现场布点和测试、使用者问卷调研、数据分析等环节，结合能耗、水耗等实际数据并开展对标分析，对室内声光热环境及室内空气质量开展长期监测和短时检测相结合的方式进行性能评定，并选取了一定样本的建筑使用者开展了满意度调研。此项工作为绿色建筑性能后评估从理论研究进入工程实践累计了经验，也有助于对本书提出的后评估方法的不断修正和完善。

6.1 上海某项目

6.1.1 项目概况

（1）项目基本信息

项目为上海地区一幢办公建筑，建筑形状呈西宽东窄的梯形。东西向长约160m，南北进深约120m，园区用地总面积约为18940m²。本项目位于园区的东南角，受制于既有建筑布局，项目的用地非常局促，整体呈L形，东西方向很短，仅有约50m，L形基地的两条边进深都只有约18m。整个建筑主楼地上7层，高度23.4m，附楼地上4层，高度13.9m，地下1层。总建筑面积9992m²，其中地上建筑面积6975m²，办公主楼建筑面积4573m²，研究附楼建筑面积2402m²；地下建筑面积3017m²，办公部分437m²，研究室292m²，车库1850m²，设备用房438m²。本项目于2010年建成运行，并于2014年获得中国绿色建筑三星级标识认证。

（2）绿色建筑技术应用

本项目采用了一系列绿色建筑技术，主要特色技术介绍如下：

1）自然通风：项目通过总平面的合理规划，结合CFD辅助设计策略对建筑开口和构件进行精细化设计，使得建筑物各层空间的气流组织流畅，可实现良好的自然通风效果。

2）遮阳设计：项目逐层向外旋转挑出的结构在夏季起到了很好的自遮阳效果，而冬季对太阳辐射的反向削弱作用则较为微弱。入口大厅的藤本植物显著降低了玻璃幕墙夏季累计太阳辐射得热量和大厅的室内温度,改善了门厅区域环境舒适性。针对上海地区的气候特征,该项目在有效控制窗墙比的基础上,采用了双层窗中间设遮阳系统的构造。

3)屋顶绿化:项目采用了景天类屋顶绿化和容器类绿化等形式。景天类屋顶绿化即是采用景天类植物进行绿化布置。项目主楼六层屋面、附楼四层屋面的可绿化区域均采用了佛甲草轻型种植屋面,各层的休憩区域采用了移动绿化。屋顶绿化面积占屋顶可绿化总面积的比例≥30%。

4)雨水回用:园区在2004年建成中水回用站收集污水,利用雨水收集系统,收集整个园区雨水至雨水蓄水池,经处理供园区绿化浇灌和办公楼冲厕,以及为未来发展预留。项目采用非传统水源给水的用水点包括室内冲厕、道路浇洒及绿化浇灌,设计年用水量共计2405m³。可采用非传统水源的用水量占参评区域年用水总量的比例为50%。

5)自然采光:项目选取五层会议室安装反光构件,降低临窗处的照度,提高室内进深较大处的采光,从而改善采光均匀度。地下室通常是建筑采光的薄弱环节,为了将自然光引入地下层,在地库顶部局部设计采光天窗和采光边庭,并在大楼的东侧、西侧及南侧都设计了下沉院落。

6)旧建筑利用:项目基地的西边是一座建成于2005年的生态小楼,在本项目的建设过程中,对该示范小楼予以完整保留,并通过立面局部改造和内装修,实现功能再造,将其改建为园区的接待楼,主要功能为接待、会议和休息。

7)材料循环利用:项目通过采用石膏板隔墙、玻璃分隔等做法,主要办公区和会议室均实现了灵活分隔,保证了日后再次装修时的隔墙材料循环利用率。

(3)运行模式和运行策略

该项目根据不同区域的功能、负荷以及使用时间差异,分别设计了集中式和分散式空调系统,兼顾了运行的经济性和管理的便捷性。附楼主要使用功能为小型实验室和研究室,采用了独立安装单元式空调器的方式,由末端用户自由控制机组启停和参数切换;主楼主要为办公及会议,针对上海地区夏季高温高湿的气象特点,采用了温湿度独立控制的策略,新风处理采用溶液调湿全热回收新风机组,室内负荷处理则采用水冷变制冷剂流量多联空调机组。

1)空调冷热源主机的运行模式

项目冷热源采用了浅层地热能,室内每层单独设置空调系统,每层划分为一个空调系统,设置一套水源热泵变制冷剂流量多联式空调机组,模块化的机组安装在机房内,室内按办公单元空间的划分分别设置空调末端,末端机组采用冷媒直接蒸发式风机盘管,风机盘管安装于各单元顶部靠走廊侧。为保证土壤热平衡以及提供系统运行保障,对地埋管系统设置夏季全负荷备份和冬季热补偿。夏季采用一台50t/h的冷却塔,通过板式换热器与地源换热水系统并联,板式换热器阻力为7mH$_2$O,系统设置两台冷却水泵,一用一备安装于地下水泵房内。

2）风系统和水系统的运行模式

考虑到系统运行和管理需要，系统共设置分水器和集水器各5台，可根据负荷变化调节地埋管换热量，保证安全可靠运行。空调冷却水系统采用二次泵系统，地埋管—分水器—集水器之间为一次泵系统，送往空调器的循环水泵为二次泵系统，一次泵与二次泵之间设置平衡管，二次泵系统的水流量为28m³/h，一次泵循环系统水流量为105m³/h，见图6-1。新风处理采用溶液调湿全热回收型新风机组，室外引入，先与排风进行全热交换，再由新风机组处理后送入室内。

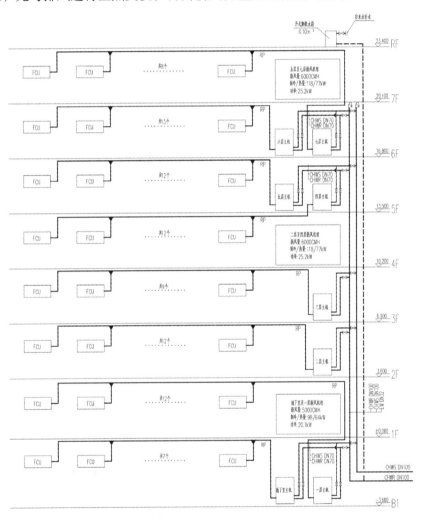

图6-1 主楼空调水系统图

5月上旬至中下旬，当室外温湿度条件有利时，采用开启外窗的方式利用自然通风消除室内余热，办公区开启吊扇通过强化自然通风的方式增强室内对流换热的效果。

6月至9月下旬为空调季，关闭外窗并放下双层窗的遮阳系统，控制进入室内的得热量。夏季空调系统有两种运行策略：①当空调负荷未达到设计最大负荷的

50%时，仅开启溶液调湿新风机组供冷，同时开启吊扇，以混合通风方式提高人员热舒适满意度；②当空调负荷超过设计最大负荷的50%时，以溶液调湿新风机组和多联机联合供冷。在水源多联机开启运行的时间内，通过监测冷却水供回水温度的变化，确定采用冷却塔环路还是地埋管环路。供冷期的初期和末期，当室外温度较低，优先启用冷却塔环路；随着室外气温升高，当冷却水供水温度超过30℃，则调整阀门开启模式，切换至地埋管环路。在地埋管运行期间，根据供水温度调整分集水器的开启的分组数量，从而节省地埋管侧循环水泵的运行能耗。

11月上旬至次年3月上旬为空调采暖季，运行策略与夏季相似，分为低负荷和高负荷两种模式：当采暖负荷较低时，仅开启溶液调湿新风机组供热；当采暖负荷较大，开启多联机联合供热，在水源多联机开启运行的时间内，通过监测地埋管侧供回水温度的变化，调整分集水器的开启数量，从而节省地埋管侧循环水泵的运行能耗。

3）照明系统设计和运行模式

办公区域采用节能荧光灯，保证工作台照度。走廊、厕所等公共区域采用一般照明，选用感应式节能灯具，并根据天然采光分析结果合理确定照明功率密度。实行照明用电分层计量，即时监控，时程控制。大开间办公室的灯具排布与窗位方向平行布置，根据侧窗天然采光情况实现对照明灯具的逐排开关控制。

4）太阳能热水系统设计和运行模式

本项目设有太阳能热水系统，提供卫生间盥洗热水用途，按照设计人数300人计算，生活热水设计日需求总量1.2m³。集热器类型选用平板式，共安装了单元尺寸2m×1m的集热器共8块，累计有效集热面积16m²。集热器倾角30°，为上海地区适宜安装角度。集热板及蓄热水箱均布置在办公楼7层屋面上（图6-2），系统采用承压二次交换换热方式，蓄能水箱采用承压方式与自来水等压供水，以保证用水压力稳定。

图6-2 主楼屋面太阳能集热器实景

太阳能集热系统在工作时段进行温差循环，设有高温高压保护以及冬季防冻保护，集热器、电控、泵阀工作站与水箱统一搁置于屋顶平面层。在系统设计上，供水端由太阳能热水直供改为太阳能与热水宝串联，太阳能集热水箱内不再加装电加热器。可最大限度地节约电能使用，另可保证热水及时流出，提高用水舒适性。

6.1.2 建筑能耗分析

本节对该建筑能耗进行分析，包括建筑总能耗与逐月能耗，以此分析本建筑的能耗水平。

（1）建筑实际运行能耗

1）总能耗

《民用建筑能耗标准》中规定建筑能耗是指建筑使用过程中由外部输入的能源，包括维持建筑环境的用能（如供暖、制冷、通风、空调和照明等）和各类建筑内活动（如办公、家电、电梯、生活热水等）的用能。

该项目消耗的能源种类主要为电力。2018年度总能耗如表6-1所示，其中，电能主要用于照明、电梯、新风等主要用能系统。该建筑的用能总量如列表所示：

项目2018年度总能耗 表6-1

能源类型	年总用量（kW·h）	折算标煤*（kgce）
电网电力	691392.7	248901.4

注：*电力以等价折算，具体折算系数采用《公共建筑节能设计标准》GB 50189-2015中的0.36kgce/（kW·h）。

2）逐月分项能耗

2018年各月各用电分项能源消耗情况如表6-2所示，各月总波动见图6-3，各分项结构如图6-4所示。

项目2018年度各月能耗情况 表6-2

2018年	空调能耗（kW·h）	照明插座能耗（kW·h）	动力系统能耗（kW·h）	其他能耗（kW·h）	合计（kgce）
1月	23284.49	10189.88	32244.15	4655.6	25334.68
2月	10256.2	6035.4	17757.2	3808.99	13659.84
3月	16308.56	8857.73	19358.2	4550.57	17667.02
4月	8932.73	7970.72	16215.1	5021.85	13730.54
5月	16330.09	8957.7	22931.4	6131.73	19566.33
6月	23973.03	8693.96	25743.7	6132.57	23235.57
7月	32435.58	9483.45	34343.55	5220.2	29333.8
8月	29498.88	10051.73	32896.3	5117.7	27923.26
9月	22001.41	8469.39	30677.85	5563.82	24016.49
10月	3187.54	7653.12	18054.6	4978.24	12194.46
11月	7419.33	9106.44	25632.55	5127.39	17155.59

2018年	空调能耗 （kW·h）	照明插座能耗 （kW·h）	动力系统能耗 （kW·h）	其他能耗 （kW·h）	合计 （kgce）
12月	17550.87	11281.3	35680.75	5164.21	25083.77
合计	211178.7	106750.8	311535.4	61472.87	248901.4

　　根据逐月能耗数据情况，可以看出本项目夏季时段（6月～8月）的单月用电量最高，其次是冬季时段（11月～1月），夏季制冷能耗与冬季采暖能耗需求较大。按全年统计，采暖空调占比31%，照明插座15%。动力45%，其他为9%。

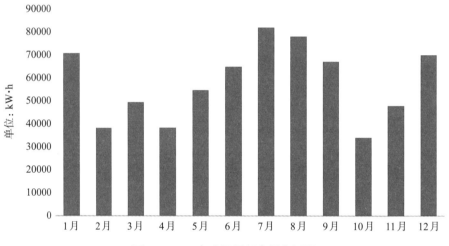

图6-3　2018年度逐月耗电量分析图

　　（2）能耗指标计算

　　1）建筑单位面积能耗指标

　　本项目建筑面积为9992m²，其中地上面积为6975m²，地下为车库和设备机房等。计算得该办公建筑单位面积能耗为24.91kgce/（m²·a），折算为电力能耗为69.19kW·h/（m²·a）。

　　2）指标对标分析

　　①对标国家标准

　　按照《民用建筑能耗标准》GB/T 51161－2016中规定，公共建筑能耗应包括建筑内空调、通风、照明、生活热水、电梯、办公设备等所使用的所有能耗，公共建筑内集中设置的高能耗密度的信息机房、厨房炊事等特定功能的用能不应计入公共建筑能耗中。其中，夏热冬冷地区办公建筑的约束能耗为110kW·h/（m²·a）。本建筑综合能耗为69.19kW·h/（m²·a），修正后单位面积能耗66.2kW·h/（m²·a）。《民用建筑能耗标准》中同地区同类型建筑的能耗约束值与引导值分别为110kW·h/m²，80kW·h/m²，该建筑相比约束值降低39.8%。

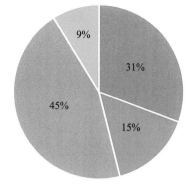

图6-4 2018年度用能分项结构图

■ 空调采暖　■ 照明插座　■ 动力　■ 其他

图6-4　2018年度用能分项结构图

②对标地方标准

以上海市机关办公建筑类型为参考，本项目与《上海市机关办公楼合理用能指南》DB 31/T 550-2011的指标要求进行了对比。

《上海市机关办公楼合理用能指南》DB 31/T 550-2011中，提出了合理值指标，其中规定建筑面积大于2万 m^2 且采用分体空调形式的机关办公建筑，其单位建筑面积年综合能耗指标为36kgce/(m^2·a)；采用集中空调形式的机关办公建筑，其单位建筑面积年综合能耗指标为38kgce/(m^2·a)。建筑面积小于2万 m^2 且采用分体空调形式的机关办公建筑，其单位建筑面积年综合能耗指标为32kgce/(m^2·a)；采用集中空调形式的机关办公建筑，其单位建筑面积年综合能耗指标为34kgce/(m^2·a)。

本项目的运行能耗情况均优于上述限值指标，并可以满足《民用建筑能耗标准》中的引导性指标值，在建筑能耗目标方面，基本达到了设计预期。

6.1.3　建筑水耗分析

（1）建筑水系统概况

1）建筑水系统设计

该建筑内部用水主要是办公盥洗用途，外部用水则包括绿化浇灌，并采用非传统水源。根据建筑给排水设计说明和水系统图纸，调研项目的用水设计情况。该建筑设计阶段用水分析见表6-3，水系统如图6-5所示。

设计阶段用水量计算表　　　　　　　　　　　　　表6-3

序号	用水量	用水定额	单位	用水规模	单位	平均日用水量（m^3/d）	年用水天数（d）	年用水量（m^3/a）
1	办公	30	L/（人·d）	400	人	12	252	3024
2	实验用水	35	L/（人·d）	100	人	3.5	252	882

序号	用水量	用水定额	单位	用水规模	单位	平均日用水量（m³/d）	年用水天数（d）	年用水量（m³/a）
3	地面绿化	0.28	m³/（m²·a）	1918	m²	/	/	537
4	屋顶绿化	0.28	m³/（m²·a）	660	m²	/	/	185
5	道路浇洒	2	L/（m²·d）	900	m²	1.8	30	54
总计		/	/	/	/	17.3	/	4808

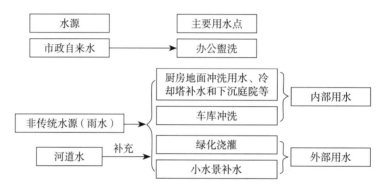

图6-5 项目水系统示意图

2）采用的节水措施

卫生器具均采用了节水型器具，具体参数如表6-4所示。

节水器具参数表　　　　　　　　　　　　　　　　表6-4

节水器具名称	节水器具主要特点	节水率
科勒水龙头 K-8959T-9	0.1L/S	>8%
科勒坐便器 K-8711T-B-0	3/6L	>8%
科勒小便斗 K-4960-ER-0	1/3L	>8%

本项目采用了雨水回用和绿化灌溉等节水技术。

本项目配建埋地式钢筋混凝土雨水蓄水池和清水池，上覆绿植景观，雨水蓄水池容量达到了150m³。在园区雨水排水总管进行截流，实现对整个园区的屋面和道路的雨水收集和径流控制，并将处理后的雨水用于园区绿化浇洒、建筑内部冲厕。雨水收集利用系统基本流程如图6-6所示。

上海地区年降雨量1164.5mm，年降雨天数93.7d，根据汇水面积计算园区理论可收集的雨水量，见表6-5。

项目采用非传统水源给水的用水点包括室内冲厕、道路浇洒及绿化浇灌，设计年用水量共计2405m³。可采用非传统水源的用水量占参评区域年用水总量的比例为50%。

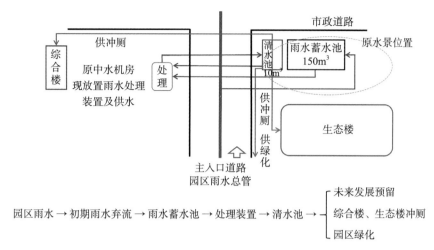

图6-6 雨水处理系统流程示意图

雨水年可收集量计算表   表6-5

序号	区域	汇水面积（m²）	径流系数	年可收集量（m³/a）
1	绿化屋面	600	0.3	161
2	屋面	6183	0.9	4536
3	硬质地面	10665	0.9	4642
4	绿地	5992	0.15	789
总计		23440	/	10128

　3）节水灌溉系统

　　园区地面绿化面积约6450m²，绿化率高达34%。绿化植物主要以小面积草坪、地被和乔木和灌木组合。灌溉系统水源采用园区内雨水回收利用，系统包括变频水泵和自动反冲洗过滤系统等，控制系统由中央控制器、程序分控器及电磁阀组成，管网采用专用耐压及不小于1.0MPa的U-PVC管网输水系统，灌水设备选用地埋自动伸缩喷头。设备安装如图6-7所示。

　　每个电磁阀控制区域低点安装一个自动泄水阀，外用VB708阀门箱保护，每次喷洒作业完毕，自动泄掉管道中存水，避免冬季低温造成管道的冻裂，保护整个灌溉系统。

　（2）建筑水耗指标分析

　　1）建筑实际水耗

　　该建筑2017年逐月用水量见图6-8，市政自来水用水量为2009m³，非传统水源用水量为1951m³。单位面积年用水量为0.20m³，人均年用水量为6.69m³。

　　项目在2015～2017年的非传统水源年用水总量详见图6-9。可见，该建筑雨水收集量基本能够满足各用水点需求，且年度用水量比较稳定。

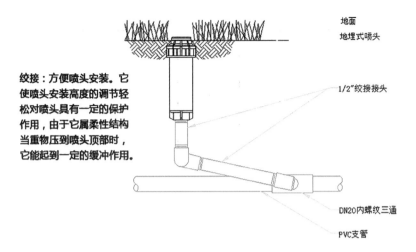

地面
地埋式喷头

绞接：方便喷头安装。它使喷头安装高度的调节轻松对喷头具有一定的保护作用，由于它属柔性结构当重物压到喷头顶部时，它能起到一定的缓冲作用。

1/2″绞接接头

DN20内螺纹三通

PVC支管

图6-7　喷灌头安装示意

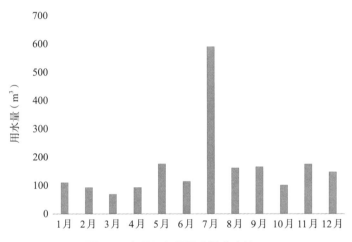

图6-8　本项目各月用水量分布情况

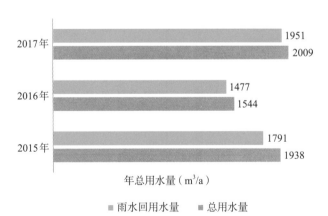

图6-9　2015年～2017年不同水源用水量情况

绿色建筑性能后评估

2）建筑逐月水耗分析

对项目逐月用水和全年累计分项用水进行分析，可得到图6-10和图6-11。其中饮用水为桶装水的部分不计入办公用水。

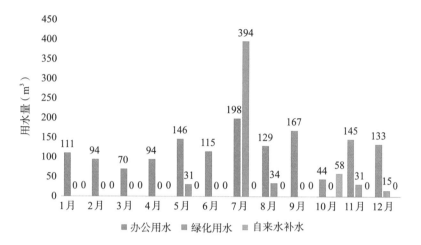

图6-10 项目全年逐月用水分项

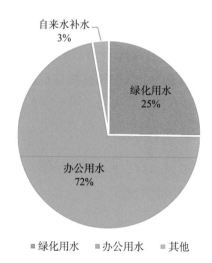

图6-11 项目全年汇总分项用水比例

（3）建筑用水指标对比

参考《商业办公楼宇用水定额及其计算方法》DB31T 567-2011中的计算公式进行计算：

$$用水定额值 = \left(1 + \sum_{i=1}^{6} K_i\right) \times V \tag{6-1}$$

式中 K_i——调整系数，详见表6-6；

V——相应类别的用水定额基准值，本项目为办公，基准值取

0.1072 m³/（m²·月）。

					表 6-6
				K_i 值调整幅度表	

调整条件	夏季（6～9月）	节水型企业	水平衡测试	节水型器具	月报表	用水管理制度
K_i	K_1	K_2	K_3	K_4	K_5	K_6
K值调整幅度	+0.10	+0.05	−0.06	−0.03	± 0.03	−0.03

根据公式计算，该项目对应的定额为0.105m³/（m²·月），项目实际定额为0.017m³/（m²·月），与上海市地方标准相比达到定额基准值要求。

参考《民用建筑节水设计标准》GB 50555-2010和《建筑给水排水设计规范》GB 50015-2003（2009年版），用水定额如表6-7所示。

办公建筑用水定额表 表 6-7

参照标准	办公楼日生活用水定额	室外绿化浇灌用水
建筑给水排水设计规范 GB 50015-2003（2009年版）	30～50L/（人·班）	1.0～3.0L/（m²·d）
民用建筑节水设计标准 GB 50555-2010	25～40L/（人·班）	0.28m³/（m²·a）

该项目的日生活用水量计算公式为：办公楼生活用水量/人数/年工作天数=19.13 L/（人·班）；绿化用水：室外绿化用水量/绿化面积=0.19m³/（m²·a）。

《建筑给水排水设计规范》GB 50015-2003（2009年版）中用水定额为对于普通建筑用水要求，而《民用建筑节水设计标准》GB 50555-2010则是基于节水的基准上确定用水定额，该建筑分项用水量满足《民用建筑节水设计标准》GB 50555-2010中对于场地内绿化用水、办公用水的定额要求，属于节水型建筑。

6.1.4 建筑室内环境性能

本章节基于对该办公建筑室内环境性能实测与分析，对标室内环境性能指标，以评估本绿色办公建筑的室内环境性能。

（1）测试方案

1）测试内容与设备

室内环境性能主要包括热湿环境、室内空气质量、光环境和声环境等，本项目具体测试指标包括温度、湿度、CO_2浓度、PM2.5、照度等，测试设备为清华大学IBEM测试仪如图6-12所示，可实现以上5个参数的连续采样。

针对本项目分别开展了夏季、过渡季和冬季三个工况的测试：

夏季：2017年7月24日～ 2017年7月28日

过渡季：2017年10月30日～ 2017年11月3日

冬季：2018年1月15日～ 2018年1月19日

2）点位选取

室内测点高度应与人员活动高度相同，办公室、会议室中的测点高度为0.75m。测点应布置在人员活动较多的区域，离墙壁距离应大于0.5m，离门窗距离应大于

图6-12 室内环境监测仪

1m；应避开室内的热（冷）源，如电脑、电视、空调风口等；应避免放在阳光直射的区域。

本项目布点在标准层6层，并根据办公现场实际情况，在开放办公室与小办公室5个空间布置了5个测试点，各测点信息如表6-8所示。

测点布置说明

表6-8

序号	房间编号	位置
1	办公室604	东侧临窗
2	办公室603	近门
3	开放办公	东侧中部
4	开放办公	西侧临窗
5	开放办公	南向东侧中部

通过对以上点位开展夏季、过渡季及冬季的连续监测，选取各测点各工况连续数据中的典型周开展有效数据分析。其中，典型周数据选取原则为工作日内的对应上班时段内的连续数据作为分析样本。

（2）室内热环境

1）温湿度参数

根据对参数实施监测数据采集情况，项目的夏季、过渡季和冬季典型工作温度变化曲线如图6-13所示。夏季各个监测点测试的室温均值为27.2℃，各个测试点工作段内的温度区间为24～30℃，各个测试点温度变化幅度为5℃之内；过渡季各个监测点测试的室温均值为23.8℃，各个测试点工作段内的温度区间为21～26℃，各个测试点温度变化幅度为5℃之内；冬季各个监测点测试的室温均值为21.8℃。各个测试点工作段内的温度区间为18～25℃，各个测试点温度变化幅度为7℃之内。

项目夏季、过渡季和冬季典型工作日湿度变化曲线见图6-14。夏季各个监测点测试的湿度平均值为45.4%，变化范围为39%～57%；过渡季各个监测点测试的湿

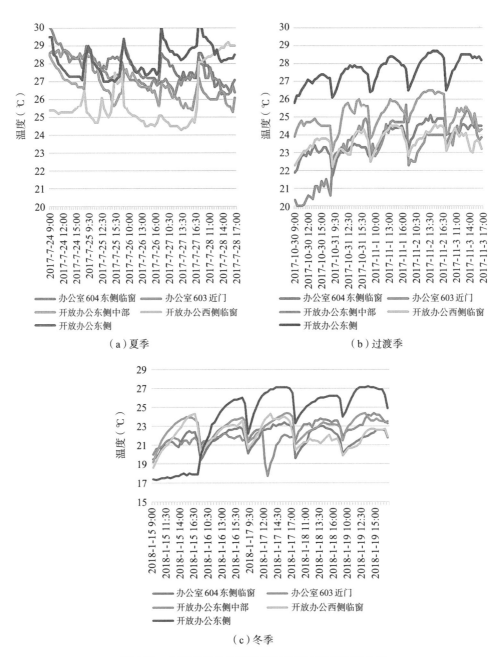

图6-13　上海案例各季节典型周各测点温度变化曲线

度平均值为36.9%，变化范围为29%～46%；冬季各个监测点测试的湿度平均值为47.1%，变化范围为35%～56%。

2）对标分析

根据《公共建筑节能设计标准》GB 50189-2015以及《民用建筑供暖通风与空气调节设计规范》GB 50736-2016对室内环境参数要求，对本项目温湿度达标情况分析如表6-9所示。

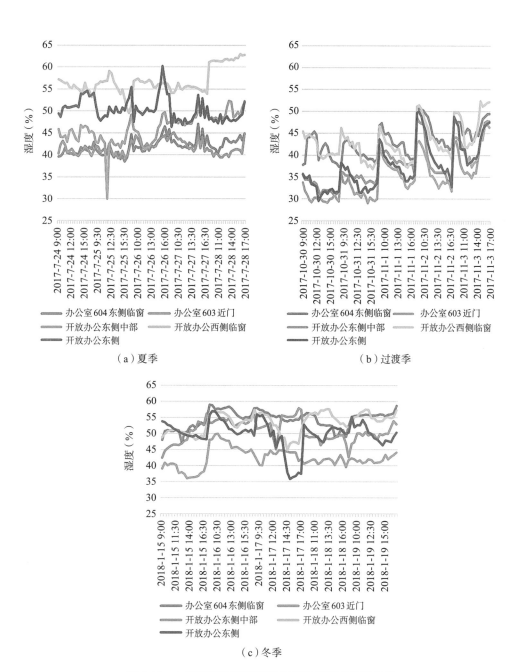

（a）夏季   （b）过渡季

（c）冬季

图6-14 上海案例各季节典型周各测点湿度变化曲线

上海案例办公空间热环境测试对标情况   表6-9

季节	温度		湿度	
	平均值（℃）	达标率	平均值	达标率
夏季	27.2	65%	45.4%	83%
过渡季	23.8	82%	36.9%	71%
冬季	21.8	87%	47.1%	93%

（3）室内空气品质

本部分围绕室内环境空气品质中的CO_2、PM2.5两个指标浓度分析性能情况，因其指标与室内人员活动，以及室外天气密切相关，采用持续监测数据实施分析。

1）项目实测情况

项目组对夏季、过渡季和冬季典型日的室内空气CO_2浓度，PM2.5浓度实施了逐时监测，对不同功能区间实测结果如下。

①CO_2浓度：本项目多个测点全天的CO_2浓度如图6-15所示，夏季日均值为639ppm，浓度分布在420～900ppm之间；过渡季多个测点全天的CO_2浓度日均值

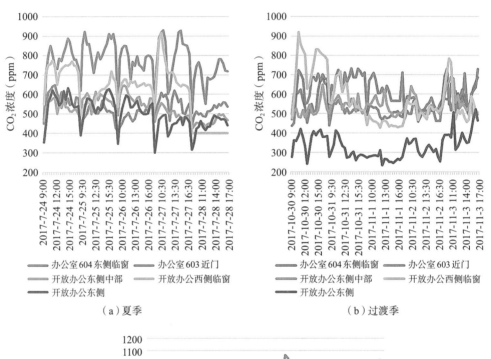

（a）夏季　　　　　　　　　　　　　　（b）过渡季

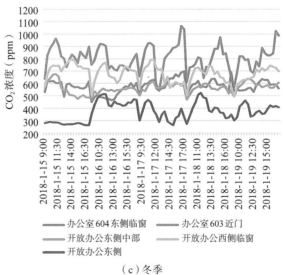

（c）冬季

图6-15　上海案例各季节典型周各测点CO_2浓度变化曲线

为586ppm，浓度分布在425～750ppm之间；冬季多个测点全天的CO_2浓度日均值为673ppm，浓度分布在480～950ppm之间。

②PM2.5：建筑室内PM2.5浓度测试结果如图6-16所示，夏季处于8～38μg/m³之间，过渡季处于6～41μg/m³之间，冬季处于10～33μg/m³之间，各季节间其浓度变化存在一定的差异性。

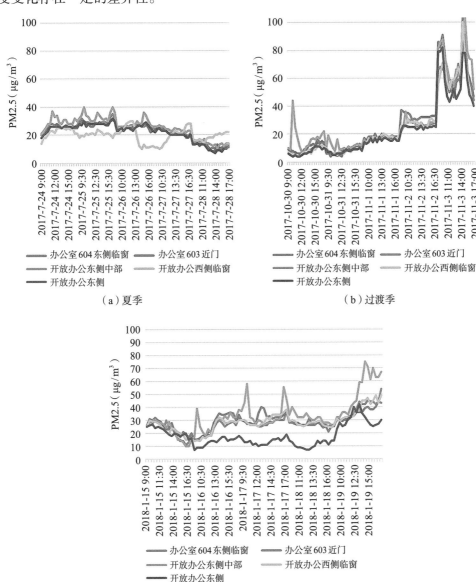

图6-16　上海案例各季节典型周各测点PM2.5变化曲线

2）对标分析

综合对各季节典型工作日的实时监测数据，以《室内空气质量标准》GB/T 18883—2002为对比标准，本项目人员工作期间CO_2与PM2.5达标率统计如表6-10所示。

上海案例办公空间主要空气质量指标对标情况   表6-10

季节	CO$_2$浓度		PM2.5浓度	
	平均值（ppm）	达标率	平均值（μg/m³）	达标率
夏季	639	100%	22.5	97%
过渡季	586	100%	25.51	80%
冬季	673	100%	27.38	83%

（4）室内光环境

1）项目实测情况

项目组对夏季、过渡季和冬季室内照度进行了现场监测，结果如图6-17所示。

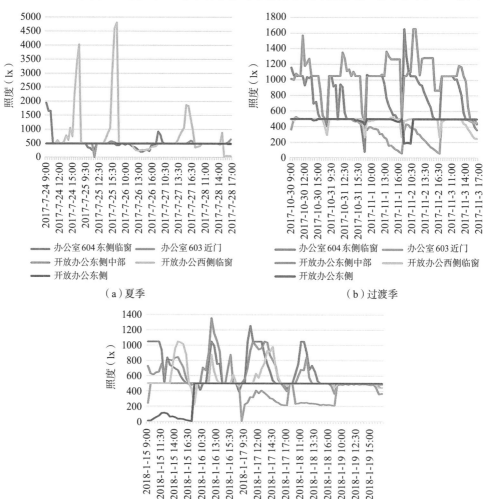

（a）夏季　　　　　　　　　　　　（b）过渡季

（c）冬季

图6-17　上海案例各季节典型周各测点照度变化曲线

夏季办公区域的照度均值都在500lx左右，靠近外窗的区域照度甚至可达4500lx；过渡季办公区域的照度值都在500lx以上；冬季办公区域的照度值波动幅度较大在500～1000lx之间。

2）对标分析

项目以《民用建筑照明设计标准》GB 50034-2013为对比标准，综合以上测点的实测情况。本建筑办公区域照度达标率统计如表6-11所示。

上海案例办公空间照度对标情况　　　　　　　　　　表6-11

季节	照度	
	平均值（lx）	达标率
夏季	555	87%
过渡季	637	77%
冬季	530	71%

6.1.5 用户满意度调研

（1）问卷设置和对象选取

本次设计的问卷主要针对使用者对建筑室内环境指标的满意度展开，重点了解工作人员在声环境、光环境、热湿环境和空气质量等方面对于建筑现状性能的评价，以及引起不满的主要原因。本次问卷共发放75份，收回有效问卷75份。问卷的发放信息和调研人员的基本信息详见表6-12和图6-18。本项目属于功能相对单一的办公建筑，工作人员平均年龄在40岁以下。

问卷调研工作信息表　　　　　　　　　　表6-12

工 况	夏季	冬季	过渡季
发放回收时间	2017.9.3	2017.12.1	2018.2.1

（2）使用者满意度分析

根据对使用者的调研问卷结果，对满意度评价进行分析得到图6-19，总体满意度达到84%（图6-20）。

本次调研中，设计了室内环境因素关心程度的问题选项，请受访者勾选室内声环境、光环境、热湿环境和空气质量的关心度，得到关心度分布和排序结果分别见表6-13和图6-21，可看出受众对温度的关心程度最高，相对而言对气流等关心程度较低。

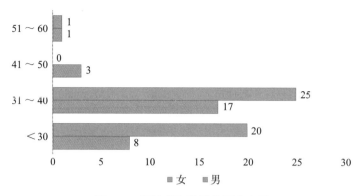

图6-18 受访者年龄及性别分布图

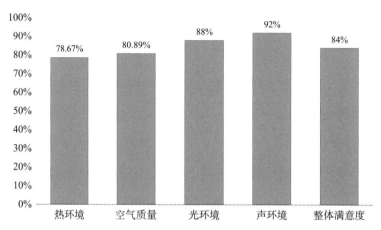

图6-19 使用者满意度统计

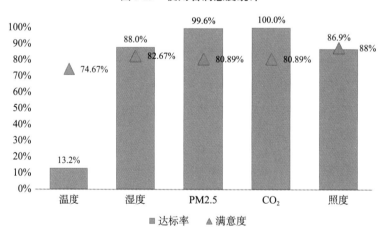

图6-20 受访者夏季室内环境达标率及满意度结果

室内环境关心度 表6-13

	1温度	2湿度	3气流	4空气质量	5光环境	6声环境
数量	42	2	1	2	6	21
比例	56.0%	2.7%	1.3%	2.7%	8.0%	28%

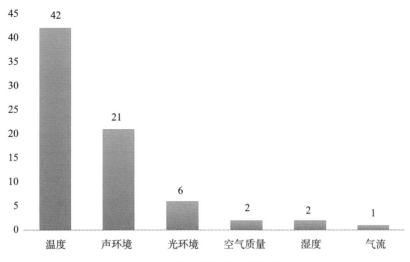

图6-21 室内环境关心度排序

6.2 重庆某项目

6.2.1 项目概况

（1）建筑基本信息

项目位于重庆市大渡口区，地上23层，地下3层，主要结构形式为框筒结构，其中一层为食堂，二～三层为多功能厅和中型会议室，四层为文化展示厅，五层为包间和档案室，六到二十三层为办公层，建筑高度99.8m。总建筑面积71908.51m²，其中地上建筑面积47763.68m²，地下建筑面积24144.83m²。项目于2013年建成运行，并于2014年获得重庆市绿色建筑二星级竣工评价标识认证。

（2）绿色建筑技术应用

本项目主要采用的绿色建筑技术如下：

1）透水地面：室外透水地面面积比为45.1%，增加场地雨水与地下水涵养。

2）屋顶绿化：设置屋顶花园面积为1600m²，屋顶绿化面积占屋顶可绿化面积的比例为77.7%，降低热岛效应，调节微气候环境。

3）可调节外遮阳：在西面裙楼入口大厅部位采用了活动外遮阳，翼片可随太阳角度自动变化，保证室内舒适环境。

4）雨水回用：收集屋面及场地雨水，经初期弃流装置后进入全自动过滤器，然后通过回用管道加压输送至绿化用水点、道路冲洗用水点。

5）自动喷灌：采用喷灌方式，在一层及屋顶花园共设17个喷头。

6）改善地下室采光：地下车库充分利用地形，车库东侧全部开口，有利于自然采光；西侧二层入口设鱼池，对一层的食堂、里侧车库的采光有明显改善。

7）材料循环利用：可再循环材料包括钢材、铜、木材、铝合金型材、石膏制品、玻璃，使用重量占所用建筑材料总重量的 11.1%。

8）灵活隔断：开敞式办公室采用灵活隔断，灵活隔断的面积为 12647.2m²，可变换功能室内空间面积为 21547.07m²，占比 58.7%。

（3）运行模式和运行策略

项目于 2013 年正式投入运行，主要设备系统的运行情况为：

1）空调系统运行模式

项目空调系统设高、低两个系统分区，B3～18 层为低区系统，19～23 层为高区系统。低区系统冷源采用 3 台水冷螺杆冷水机组供冷，冬季设置 1 台燃气真空热水机组供热；高区系统冷源采用 1 台水冷螺杆冷水机组供冷，冬季设 1 台燃气真空热水机组供热。

空调水系统均为两管制，风系统采用风机盘管 + 新风机组为主，新风换气机每层设置，确保室内新风要求。员工食堂新风由负一层巷道风供给，同时新风作为厨房排风的补风。

a）空调机组

风机控制：风机由 RTU 系统按每天预先编排的时间及需求来控制风机的启停并记录累积运行时间，在配电回路故障条件下禁止开机。

温度控制：根据测量的回风温度与设定值的偏差，进行计算，经比例积分微分（PID）规律控制水调节阀。在夏季工况下，温度高于设定温度时开大水阀，温度低于设定温度时关小水阀，使送风温度维持在设定的范围内。

风门控制：根据测量到的室内外温度，进行计算比较，采用经济运行方式，在满足卫生许可条件下，尽量采用小新风比例，充分利用室内回风，过渡季节充分利用室外空气的自然调节能力，以达到节省冷量的消耗，同时满足空调的要求。

b）新风机组

风机控制：风机由 RTU 系统按每天预先编排的时间假日程序来控制风机的启停并记录累积运行时间，在配电回路故障条件下禁止开机。

温度控制：根据要求在设置室外温度检测点，系统将根据测量的室外温度、送风温度与设定温度进行计算，经比例积分微分（PID）规律控制冷水调节阀。温度太高时开大冷水阀，温度太低时关小冷水阀，使送风温度维持在设定的范围内。

2）照明系统设计和运行模式

车库选用三基色直管荧光灯（节能型）；公共走道及楼梯间的应急照明选用节能型环型荧光灯（带蓄电池），而其一般照明选用节能型环形荧光灯。所有灯具均选用高效灯具，光效须达到 75% 以上。

车库照明分区集中控制。公共走道照明采用智能灯控系统，一般为分散控制，大面积房间及公共场所照明采用集中控制。

3）非传统水源系统

本项目收集屋面及场地雨水，雨水从屋面及道路汇集于雨水初期弃流装置，经初期弃流后进入全自动过滤器，然后通过回用管道加压输送至绿化用水点、道路冲洗用水点，其处理流程如图6-22所示。蓄水池容积为79.8m³，当雨水水源不足时，由自来水进行补充。通过对雨水水量逐月平衡的计算可知，全年雨水利用量3482.3m³，非传统水源利用率达7.4%。

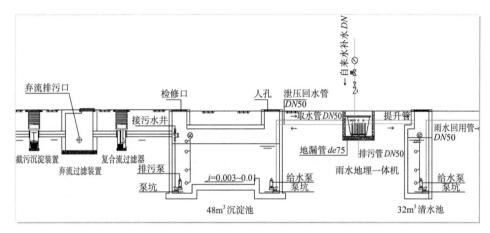

图6-22　雨水处理流程图

6.2.2 建筑能耗分析

（1）建筑实际运行能耗

1）总能耗

本项目主要能源种类为电力与天然气，2017年度的能耗情况如表6-14，其中天然气主要用于建筑内的餐饮能耗，建筑设备系统的能耗主要是电力。

建筑全年总能耗统计　　　　　　　　　　　　　　　　　　表6-14

类别	年用量	单位	折算标煤系数	单位	标煤（kgce）
电网电力	1610589	kW·h	0.36	kgce	579812
天然气	107357	N·m³	1.21	kgce	129902
合计					709714

注：1.电力以等价折算，具体折算系数采用《公共建筑节能设计标准》GB 50189–2015中的0.36kgce/（kW·h）。

2.天然气折算标煤系数为1.21kgce/m³，数据来源为《公共建筑节能设计标准》GB 50189–2015。

2）逐月能耗

本项目各月分类能源消耗情况如表6-15所示，逐月电耗变化见图6-23。

各月能耗情况　　　　　　　　　　　　　　　　　　表6-15

2017年	电力（kW·h）	天然气（m³）	合计（kgce）
1月	184546	28654	101108

2017年	电力（kW·h）	天然气（m³）	合计（kgce）
2月	66293	16470	43794
3月	120207	23498	71707
4月	106852	6952	46879
5月	89842	2557	35437
6月	90189	2186	35113
7月	253599	2357	94148
8月	214458	1813	79399
9月	109715	1652	41496
10月	97998	2361	38136
11月	111549	2411	43076
12月	165339	16446	79422
合计	1610589	107357	709714

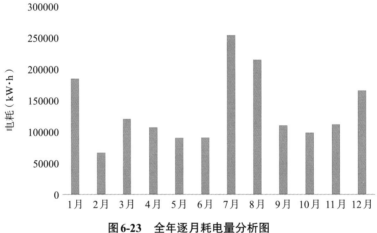

图6-23　全年逐月耗电量分析图

本项目单月耗电量在65000～260000kW·h之间，全年用电呈现明显的季节变化趋势，在空调季和供暖季用电量明显高于其他月份。

根据项目的用能分项拆解，可知电耗情况为暖通空调占比39%，照明插座31%，动力22%，其他8%，其结构如图6-24所示。

（2）能耗指标计算

项目全年能耗总量为709.7tce，单位面积能耗为14.86kgce/（m²·a），折算为电力能耗为41.3kW·h/（m²·a）。

1）对标国家标准

按照《民用建筑能耗标准》GB/T 51161－2016，公共建筑能耗应包括建筑内空调、通风、照明、生活热水、电梯和办公设备等所使用的所有能耗，公共建筑内集

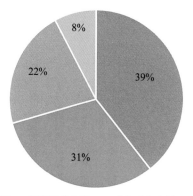

■ 空调电耗　■ 照明插座电耗　■ 动力系统电耗　■ 其他电耗

图6-24　全年各分项能耗拆分图

中设置的高能耗密度的信息机房、厨房炊事等特定功能的用能不应计入公共建筑能耗中。其中，夏热冬冷地区办公建筑的约束能耗为110kW·h/（m²·a），引导能耗为80kW·h/（m²·a）。本建筑综合能耗为41kW·h/（m²·a），低于国家标准引导值。

2）对标地方标准

与重庆市《公共建筑能耗限额标准》B类商业写字楼建筑约束值90kW·h/（m²·a）、引导值63kW·h/（m²·a）相比，项目的运行能耗均优于上述指标，并可以满足《民用建筑能耗标准》GB/T 51161−2016中的引导性指标值，在建筑能耗目标方面，基本达到了设计预期。

6.2.3　建筑水耗分析

（1）建筑水系统

项目3层以下的楼层生活用水采用市政压力直接供给；4～13层中区生活用水由生活水泵房无负压供水设备加压供给；14～23层高区生活用水由生活水泵房无负压供水设备加压供给。节水器具主要有卫生间安装的节水型洗脸盆、坐便器和小便器，采用器具均获得节水产品认证证书，其具体的节水指标如表6-16所示。本项目全年用水分项情况如图6-27所示。

节水器具清单　　　　　　　　　　　　　　　　　　表6-16

节水器具名称	节水器具主要特点	节水率
小便器	自动感应	>8%
大便器	每次冲洗小于6L	>8%
水龙头	自动感应	>8%

（2）建筑水耗指标分析

1）建筑实际水耗

本项目全年市政自来水用水量为16436m³，图6-25为2017年逐月用水量。通

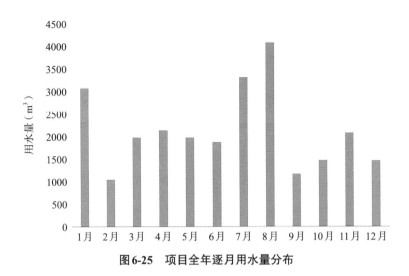

图6-25 项目全年逐月用水量分布

过计算可得单位面积用水量为0.23m³/(m²·a)，人均用水量为29.9m³/(人·a)。

2）建筑逐月水耗分析

对项目各用水分项逐月数据统计如图6-26所示，其中市政用水与绿化用水是每个月主要用水，两者均具有明显的季节差异。年度用水分项拆分如图6-27所示。其中市政用水是该项目的主要部分，占比达到63.7%，绿化浇灌用水占到35.9%，另外车库用水占到0.4%。

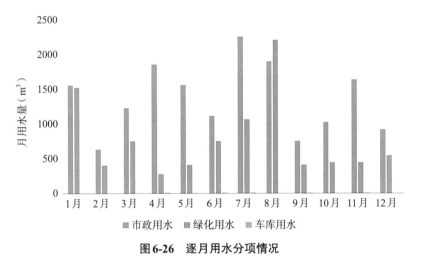

图6-26 逐月用水分项情况

（3）建筑用水指标对比

日生活用水量计算：办公楼生活用水量/人数/年工作天数=120L/(人·d)，与重庆市地方标准有集中空调的情况下220L/(人·d)相比，远小于定额基准值要求。

绿化用水计算：室外绿化用水量/绿化面积/年工作天数=9260/7516.4/250=0.005m³/(m²·d)，即日绿化用水实际计量值为5L/(人·d)，与重庆市地方标准3L/(人·d)相比，高于定额基准值要求。

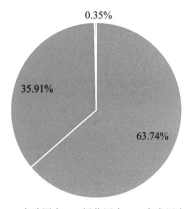

0.35%

35.91%

63.74%

■ 市政用水　■ 绿化用水　■ 车库用水

图6-27　全年用水分项拆分

6.2.4　建筑室内环境性能

（1）测试方案

此次调研采用了在线监测设备开展分工况的长期数据采集，同时配合手持便捷式仪器获取瞬时指标值。连续监测设备采用了IBEM测试仪，可测试5个参数：温度、湿度、照度、CO_2浓度和PM2.5浓度，现场测试情况见图6-28。

图6-28　现场实测

夏季、过渡季和冬季3个工况的测试时间如表6-17所示。

项目测试工作信息表　　　　　　　　　　　　表6-17

季节	夏季	过渡季	冬季
检测时间	2017.8.21～2017.8.25	2017.10.16～2017.10.20	2018.1.29～2018.2.2

（2）室内热湿环境

1）温湿度监测情况

根据对监测数据的分析，项目在夏季、过渡季和冬季典型时段内的室温变化曲线如图6-29所示。

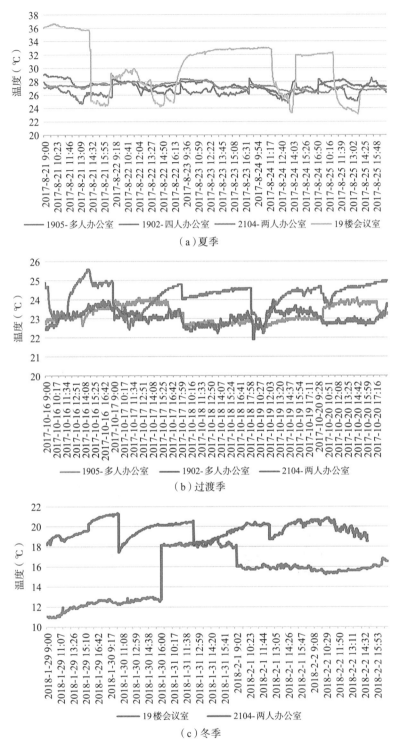

（a）夏季

（b）过渡季

（c）冬季

图6-29 各工况典型周的室温变化曲线

夏季各个监测点的室温均值为27.9℃，工作时段内的温度区间为25～30℃；
过渡季各个监测点的室温均值为24.1℃，工作时段内的温度区间为21～26℃；冬季各个监测点的室温均值为17.5℃，工作时段内的温度区间为10～22℃。

办公楼夏季、过渡季、冬季典型工作日的室内空气相对湿度变化如图6-30所示。

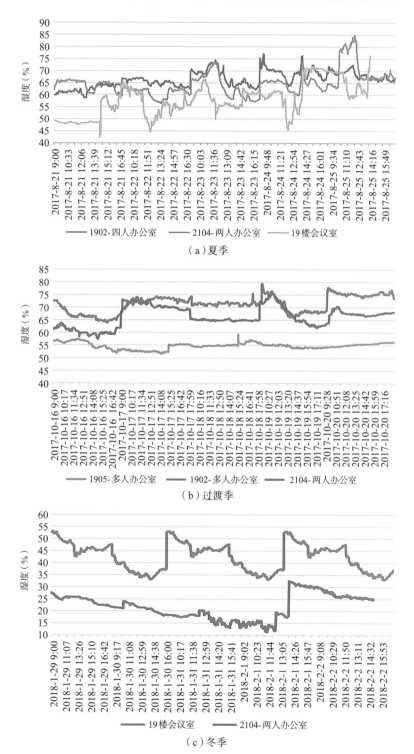

（a）夏季

（b）过渡季

（c）冬季

图6-30　各工况典型周的室内相对湿度变化曲线

由以上数据可知，夏季各个监测点的湿度均值为 70.6%，波动区间为 40%～85%；过渡季各个测点的湿度平均值为 60.3%，波动区间为 50%～80%；冬季各个测点的湿度均值为 27.7%，波动区间为 10%～55%。

2）对标分析

对比《公共建筑节能设计标准》GB 50189-2015 以及《民用建筑供暖通风与空气调节设计规范》GB 50736-2016 对室内环境参数要求，本项目温湿度指标的均值与达标情况汇总于表6-18。

本项目办公空间热环境对标情况 表6-18

季节	温度		相对湿度	
	平均值	达标率	平均值	达标率
夏季	27.9℃	82%	71%	84%
过渡季	24.1℃	100%	60%	/
冬季	17.4℃	99%	28%	100%

（3）室内空气品质

选取了室内环境空气质量中的 CO_2、PM2.5 两个指标作为室内空气质量的分析参数，采用持续监测设备对办公区域夏季、过渡季和冬季典型工况下的室内参数状态进行数据获取。

1）CO_2 与 PM2.5 浓度变化

夏季各测点工作时段内的 CO_2 浓度日均值为 453ppm，波动区间在 400～750ppm 之间；过渡季各测点工作时段内的 CO_2 浓度日均值为 451ppm，波动区间在 400～600ppm 之间；冬季各测点工作时段内的 CO_2 浓度日均值为 511ppm，波动区间在 400～650ppm 之间，详见图6-31。

夏季室内 PM2.5 浓度处于 20～70μg/m³ 之间；过渡季建筑室内 PM2.5 浓度处于 4～41μg/m³ 之间；冬季建筑室内 PM2.5 浓度处于 10～70μg/m³ 之间，详见图6-32。

2）对标分析

综合对各季节典型工作日的实时监测数据，以《室内空气质量标准》GB/T 18883-2002 为对比标准，本项目 CO_2 与 PM2.5 达标率统计如表6-19所示。

本项目办公空间主要空气质量指标对标情况 表6-19

季节	CO_2浓度		PM2.5浓度	
	平均值（ppm）	达标率	平均值（μg/m³）	达标率
夏季	525	100%	22.2	84%
过渡季	471	100%	19.9	99%
冬季	480	100%	36.6	58%

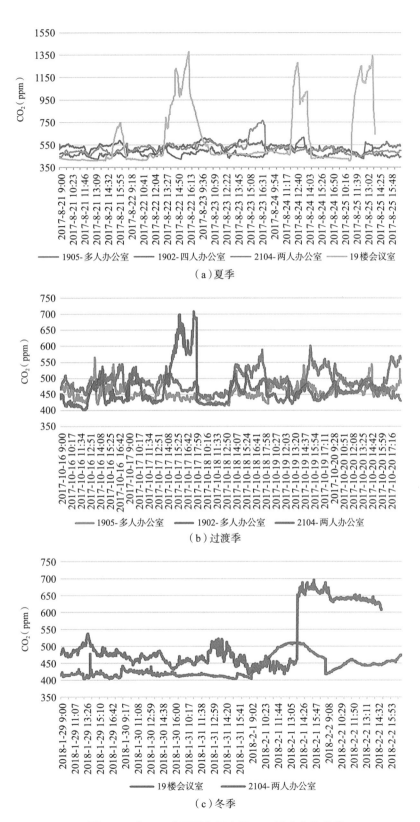

（a）夏季

（b）过渡季

（c）冬季

图6-31　各工况典型周各测点的CO₂浓度变化曲线

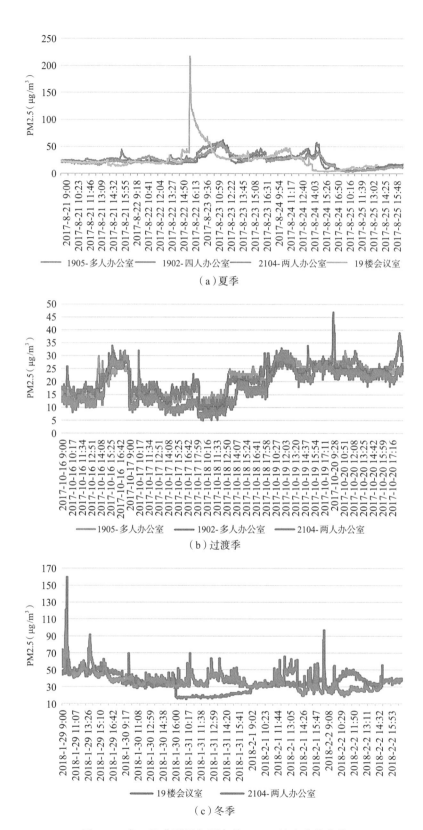

（a）夏季

（b）过渡季

（c）冬季

图6-32 各工况典型周各测点的PM2.5浓度变化曲线

（4）室内光环境

1）照度实测情况

夏季、过渡季和冬季典型时段内的室内照度结果如图6-33所示，夏季办公区

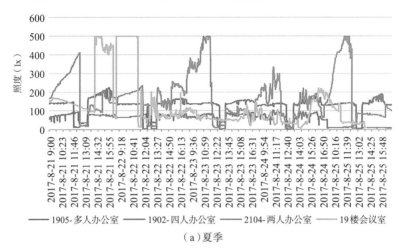

（a）夏季

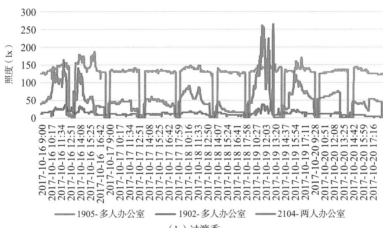

（b）过渡季

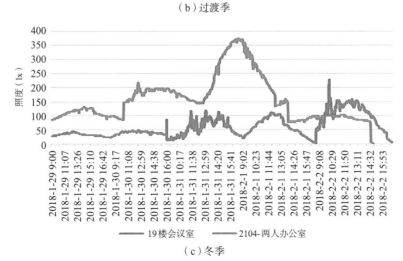

（c）冬季

图6-33　各工况典型周各测点的照度变化曲线

域的照度均值都在130lx 左右；过渡季办公区域的照度值基本都在25～300lx；冬季办公区域的照度值波动幅度基本在100～400lx。

2）对标分析

以《民用建筑照明设计标准》GB 50034–2013为对比标准，综合以上测点的实测情况，本项目办公区的各测点除中午午休关灯以外，其余正常工作时段内的照度值均满足标准要求。照度达标率统计如下表6-20所示。办公区域的监测点因照明随着空间使用情况而时开时闭，其达标率较低。

本项目办公空间照度对标情况 表6-20

季节	照度	
	平均值（lx）	达标率
夏季	278	27%
过渡季	80	/
冬季	140	16%

6.2.5 用户满意度调研

（1）受访者基本情况

问卷共发放40份，收回有效问卷37份。调研人员的基本信息见图6-34，男性占比59%，女性占比41%，40岁以下年龄组占比92%。

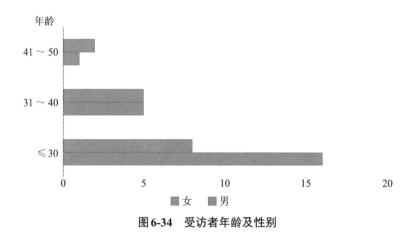

图6-34 受访者年龄及性别

（2）总体满意度

根据问卷结果，使用者对单项环境指标及综合环境满意度评价如图6-35所示，总体满意度接近90%。

绿色建筑性能后评估

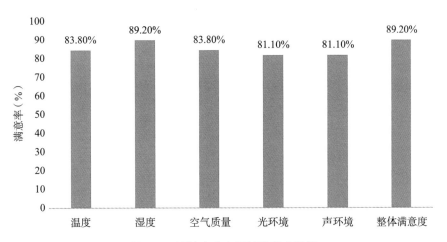

图6-35 受访者室内环境满意度结果

6.3 天津某项目

6.3.1 项目概况

（1）建筑基本信息

本项目为办公用途，位于天津中新生态城内，建成于2013年。占地面积8090.7m²，总建筑面积3467m²，地上建筑面积3013m²，地下建筑面积454m²，绿地率46%。主要功能为办公、展示及档案存储功能。首层为展示大厅、交易大厅、银行、办公室等，二层主要为档案室、办公室等。

（2）绿色建筑技术应用

项目取得了中国绿色建筑三星级标识认证，在建筑本体的被动式设计、设备系统的节能措施应用及建筑绿化、可再生能源利用等多方面都应用了多项绿色建筑技术。

1）围护结构保温及体型优化技术：建筑设计采用大尺度平台和坡道，通过加大"菱形"建筑平面的进深和建筑物的体量，有效地减少建筑外围护结构临空面积，减少热损失，最终确定体形系数为0.22。在体形系数优化基础上，采用高效保温技术体系，外墙采用300mm厚砂加气砌块外贴150mm厚岩棉板，屋顶采用300mm岩棉板，外檐门窗、幕墙采用外窗玻璃选用三银low-E 6+12Ar+ 6+12Ar+6，窗框内做加宽隔热条，避免窗框成为热桥。

2）自然通风技术：增加夏季和过渡季节主导风向的开窗面积，外窗和幕墙可开启面积比例达到66%以上，便于实现自然通风。采用了坑道风（采风口在建筑室外景观区）预冷/热新风，结合屋顶自然通风窗、通风井及大厅地面送风口，强化自然通风，缩短入口大厅空调制冷时间约20%，减少入口大厅空调制冷能耗约30%。同时，项目在设计中合理利用建筑中庭、天窗等增强热压通风效果，通过外窗直接通风；在过渡季节利用室外的采风口、室内地下层的自然通风道及屋顶电动天窗将室外自然风引入室内共享大厅。

3）天然采光技术：为削弱大进深对室内天然采光的影响，设计中在建筑顶部设置了高侧窗和水平天窗。通过日照模拟和优化，选择建筑南侧为大面积水平条窗，窗墙比为0.22；北侧为小面积水平条窗，窗墙比为0.27。同时考虑遮阳效果，设计了外窗搓板造型：室内外窗倾斜安装，反射光线至室内，提高室内采光系数。另外设计了卷帘式内遮阳，防止眩光产生。在办公室、交易大厅、会议室、配电间等区间项目设置导光筒，充分利用自然光源。

4）高效采暖空调系统：采用高温地源热泵机组耦合太阳能集热系统，末端采用了温湿度分开处理的溶液除湿末端，从而实现高温制冷，有效利用过渡季节的自然冷源。地源热泵系统夏季为建筑提供16℃/21℃的冷水作为建筑冷源，冬季为建筑提供42℃/37℃热水作为建筑热源，供冷及供热初/末期系统可实现跨机组供冷、热。实际测试在7月初，地源侧出水平均温度仍可达到17℃，能够实现直接供冷。供热季，太阳能光热系统通过间接换热方式提升系统地源侧进入机组的水温，从而提高机组COP。通过利用太阳能热水系统提供的盈余热量，提高了土壤源热泵蒸发器出水温度，减少系统从土壤中的取热量，降低土壤热不平衡率，达到提高土壤源热泵系统COP的目的，提高系统运行稳定性。

5）智能照明系统：采用智能照明系统，通过室内光亮度调节灯具亮度，办公室内是否开灯完全由自然光亮度和系统设定值决定。根据建筑不同区域特点，各区域采用了不同的控制策略，保证了不同功能区域的人工照明需求。

6）可再生能源利用技术：考虑了建筑光伏一体化设计，在屋顶设置弧形的光伏板支架，增加屋面布置光伏板的面积。采用太阳能热水为主、电热水器辅助加热的生活热水供应系统。

（3）运行模式和运行策略

1）地源热泵系统

采用高温冷水土壤源热泵系统耦合太阳能热水系统进行供冷供热，对于部分需24h供冷、热的电气房间，以及室内要求无"水隐患"的档案库，则采用VRF空调系统。

主机方面，选用双机头、变频高温冷水地源热泵机组，实现主机夏季制冷、冬季制热和过渡季制冷/热，且大部分时间内可由地源水向末端溶液调湿新风机组直接免费供冷，进行新风的统一处理。

a.供冷及供热初/末期：关闭制冷、热主机，用户侧水直接进入土壤换热器，进行免费供热/冷，降低热泵机组能耗。

b.供冷季：高温冷水地源热泵机组夏季提供16℃/21℃的冷水作为建筑冷源，平均放热能力为68W/m，较常规机组的供冷COP可提高约40%，同时可利用系统排热加热生活热水系统。

c.供热季：提供42℃/37℃热水作为建筑热源，在保证建筑生活热水需求的前提下，太阳能热水系统通过容积式换热器同土壤源热泵系统联合运行，依据混水后温度传感器调节电动两通阀开启度，维持土壤源热泵系统冷凝器侧进出水换热温差。

2）末端空调系统

空调系统所需新风由溶液调湿新风机组提供，溶液调湿新风机系统与高温地源热泵配合，可以在大部分时间充分利用地源水系统免费制冷，实现末端温湿度独立控制。

大厅、展示大厅采用单区变风量全空气系统，小开敞房间采用风机盘管加新风系统；新风由统一设置的溶液调湿新风机组提供，各新风管道分支均安装定风量调节器，与室内CO_2传感器联动。当室内CO_2浓度超标时，自动增加送风中的新风比例，在保证室内良好空气质量的同时兼顾节能效果。

空调水系统为两管制、一次泵变流量、冷热水共用型，通过机房空调水系统阀门切换实现供冷、供热两种模式的转换。

3）照明系统设计与运行

项目采用的照明节能措施主要为节能灯具和控制措施，在满足规范及舒适度的前提下，最大限度降低照明能耗。

办公室、会议室等用T5荧光灯，走道等采用节能LED灯，大空间采用金属卤化物灯；楼梯间照明采用感应灯具且有强制点亮功能，室外照明采用LED路灯，并且配光伏发电电池板。

项目设置亮度传感器、定时控制、感应控制等以实现照明节能。楼梯间照明采用感应灯具且具有强制点亮功能；室内上班时间采用集亮度感应、恒照度控制和人体存在感应为一体的照明控制方式；在平时无人值守的设备用房、档案库设置人体存在感应控制；在地下楼梯间、电池间等有导光装置的部位及卫生间靠近外窗部分的灯具设置单独回路，除人体存在感应控制外，还要与亮度传感器相结合。

4）可再生能源系统

a.太阳能光伏系统

屋顶合理布置光伏板，组件转换效率为16.7%，电池转换效率为18.9%，光伏发电总装机容量峰值功率约为295kWp，原发电系统接入公共电网，实现负载供电。

项目光伏系统理论上全年发电量约295MW·h，实测年发电量约为125MW·h，约可满足建筑54%的用电需求。光伏发电系统优先满足建筑自身用电，富余电量并入市政电网，统计2014年5月～2015年4月，光伏发电系统年发电总量为16.7万kW·h，占项目总用电量的72.1%。

b.太阳能热水系统

太阳能热水系统日产水量1.24m³/d，全年所能提供的热水量为250.57m³/a，占全年生活热水需求的81%，年节约用电1.39万kW·h。

6.3.2 建筑能耗分析

（1）建筑实际运行能耗

1）总能耗

项目年度总能耗如表6-21所示，项目主要用能分项包括空调新风、照明、插座、地源热泵、生活热水、电梯和大屏幕等。

本项目年度总能耗情况   表6-21

能源类型	年总用电量（kW·h）	折算标煤*（kgce）	其中光伏发电（kW·h）
电力	231637	83389.32	125292

注：*电力以等价折算，具体折算系数采用《公共建筑节能设计标准》GB 50189-2015中的0.36kgce/kW·h。

太阳能光伏发电量与全年建筑总电耗的比例见图6-36。光伏发电系统年发电量为125292kW·h，项目全年用电量为231637kW·h，光伏发电量占建筑总用电量的54%。

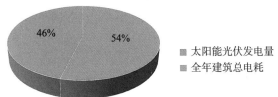

图6-36 太阳能发电量与全年建筑总能耗比例分析

2）逐月能耗

典型年各月分项用电消耗情况参见表6-22。

建筑逐月电耗情况（单位：kW·h）   表6-22

时间	空调新风	照明	插座	地源热泵	生活热水	电梯	大屏幕	合计
2014年5月	841	2015	3774	42	2162	250	151	9235
2014年6月	981	1572	3859	13411	2200	236	131	22390
2014年7月	2604	1456	1531	10270	2618	225	111	18815
2014年8月	2587	1550	3085	15928	2520	248	129	26047
2014年9月	809	1741	3961	16	2089	234	111	8961
2014年10月	894	1623	4048	56	1586	242	92	8541
2014年11月	1199	2409	4118	2868	1283	235	100	12212
2014年12月	1592	2836	4139	15917	1766	310	70	26630
2015年1月	1601	3215	4097	24191	2862	497	218	36681
2015年2月	1456	1820	3648	17994	2817	226	91	28052

时间	空调新风	照明	插座	地源热泵	生活热水	电梯	大屏幕	合计
2015年3月	954	2290	4015	15440	1665	250	121	24735
2015年4月	861	1811	4036	2191	72	246	121	9338
全年合计	16379	24338	44311	118324	23640	3199	1446	231637

全年分项电耗结构见图6-37，电耗最大部分为地源热泵空调系统，占比51%；其次是照明插座用电，达到29.6%；生活热水用电量占比6.82%。

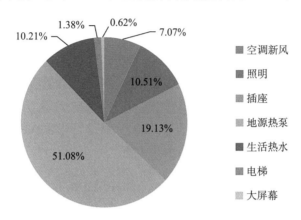

图6-37 建筑不同用能分项占比

（2）能耗指标计算

建筑全年能耗总量为231637kW·h，建筑面积按3467m²计算，得该办公建筑单位面积能耗为66.8kW·h/（m²·a），折算标准煤为24.05kgce/（m²·a）。若计算自身太阳能光伏系统发电量贡献，建筑年对外需求使用的电量为106345kW·h，则年单位面积能耗为30.7 kW·h/（m²·a），折算标准煤为11.04kgce/（m²·a）。

1）对标国家标准

根据《民用建筑能耗标准》GB/T 51161-2016定义，本建筑为寒冷地区A类商业办公建筑，建筑能耗指标分为建筑非供暖能耗和供暖能耗两部分。非供暖能耗指标的约束值为65kW²·h/（m²·a），折合标准煤为23.4kgce/（m²·a），引导值为55kW²·h/（m²·a），折合标准煤为19.8kgce/（m²·a）。

本建筑不考虑自身光伏发电时，能耗强度为24.05kgce/（m²·a），低于国标引导值，相比于约束值降低约28%。考虑自身光伏发电时，能耗强度为11.04kgce/（m²·a），比国标引导值低50%以上。

2）对标地方标准

根据《天津市公共建筑能耗标准》DB/T 29-249-2017中对办公建筑能耗指标的描述：天津市办公建筑供暖能耗指标的约束值为11.5kgce/（m²·a），推荐值为8.5kgce/（m²·a）；引导值为7kgce/（m²·a）。天津市办公建筑非供暖能耗指标的约束值为70kW·h/（m²·a），折合标准煤为25.2kgce/（m²·a）；推荐值为49kW·h/（m²·a），折合标准煤为17.64kgce/（m²·a）；引导值为35kW·h/（m²·a），折合标准煤为12.6kgce/（m²·a）。则可计算得，对于自采暖的办公建筑，能耗指标的约束值为36.7kgce/（m²·a），推荐值为26.14kgce/（m²·a），引导值为19.6kgce/（m²·a）。

本建筑不考虑自身光伏发电时，能耗强度相比于地标约束值降低约34%，相对于推荐值也降低8%，略高于引导值。而考虑自身光伏发电时，能耗强度为11.04kgce/（m²·a），比地标引导值降低了44%。

6.3.3 建筑水耗分析

（1）建筑水系统

项目共使用三种水源（图6-38）：第一类是自来水，包括生活饮用水、卫生间盥洗、生活热水和地源热泵机房等；第二类是中水，用于建筑内部卫生间冲厕、场地内绿化灌溉和道路浇洒等；第三类是雨水，建筑东北侧设置一个雨水蓄水池总容积为30m³，收集屋面雨水，通过渗排一体化管道进行雨水入渗，剩余雨水流入渗水池，在干旱少雨时，补充地下水、滋养植物。

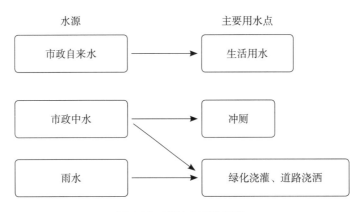

图6-38 项目水系统示意

卫生器具选用节水型器具：公共卫生间蹲便器采用节水型脚踏式自动冲洗阀，公共卫生间坐便器采用两冲式，冲洗水量小于4.5L，小便器采用无水冲洗小便器，洗手盆采用感应式龙头。

（2）建筑水耗指标分析

1）实际用水计量情况

该建筑典型年市政自来水用水量为302.5m³，非传统水源用水量为1341.9m³，其中全年中水使用量为1276.92m³，雨水使用量为65.1m³，单位面积用水量为0.09 m³/（m²·a）。常驻使用人数为22人，日均接待业务办理人员约100～150人，按照100人计算，则人均用水量为2.48m³/（人·a）。

典型年逐月各类用水统计见图6-39，用水量最高月份集中在7月和8月份，自来水用水量为302.5m³，中水、雨水用水量分别为1276.8m³和65.1m³，非传统水源利用率为81.6%。

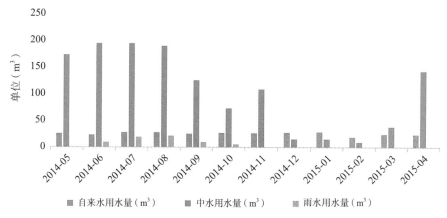

图6-39　建筑逐月各类水资源使用量概况

项目年度总用水量为1644.4m³，各分项用水结构见图6-40。可见，自来水主要用于卫生间和淋浴等，室外绿化采用雨水和中水。在各项用水中，室外绿化（中水）用水最多，占比为66.77%，室外绿化（雨水）用水最少，占比为3.96%。

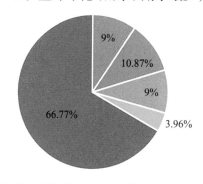

图6-40　年度各部分用水量占比

2）用水指标对比

参考《民用建筑节水设计标准》GB 50555-2010和《建筑给水排水设计标准》GB 50015-2013（2009年版），本项目生活用水量为9.54L/（人·班），室外绿化用水量为0.24m³/（m²·a），满足《民用建筑节水设计标准》GB 50555-2010中的定额要求。

6.3.4　建筑室内环境性能

本章节基于对该办公建筑室内环境性能实测与测试分析，对标分析室内环境性能指标，以评估本绿色办公建筑的室内环境性能。

（1）测试方案

本项目采用了多功能声级计、照度计等便携式仪器实施现场测试，同时还采用了BH-1（B3）空气监测仪，如图6-41所示，可长期监测并上传温度、湿度、CO_2浓度和PM2.5浓度等参数。

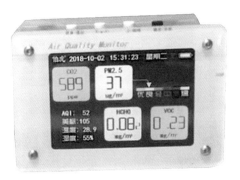

图6-41　BH-1（B3）空气检测仪

测点布置方面，本项目根据办公现场实际情况，选取了一层展示区、一层办公室、二层会议室、二层办公室4个典型区域进行测试。测试工况方面，选取夏季、过渡季和冬季3个不同工况开展了典型周的测试，具体时间安排如表6-23所示。

项目测试工作信息表　　　　　　　　　　　　　　　　　表6-23

工况	夏季	过渡季	冬季
时间	2017.08.21～2017.08.25	2017.10.09～2017.10.13	2017.11.20～2017.11.24

（2）室内热环境

1）温湿度

根据监测数据采集情况，项目在夏季、过渡季和冬季典型工作时段内的温度变化曲线如图6-42所示。可知，夏季各测点的平均室温为27.6℃，波动区间为24～31℃；过渡季各测点的平均室温为25.5℃，波动区间为23～27℃；冬季各测点的平均室温为23.4℃，波动区间为19～27℃。

夏季、过渡季和冬季典型工作时段内的空气相对湿度变化曲线如图6-43所示。可知，夏季各测点的湿度平均值为50.6%，波动区间为43%～61%；过渡季各测点的湿度平均值为47.2%，波动区间为42%～52%；冬季各测点的湿度平均值为42.4%，波动区间为36%～49%。

2）对标分析

根据《公共建筑节能设计标准》GB 50189-2015以及《民用建筑供暖通风与空气调节设计规范》GB 50736-2016对室内环境参数要求，天津案例的温湿度达标情况如表6-24所示。

（3）室内空气品质

项目组对夏季、过渡季和冬季典型周的室内空气中的CO_2浓度和PM2.5浓度实施了连续监测，对不同功能区间实测结果如下：

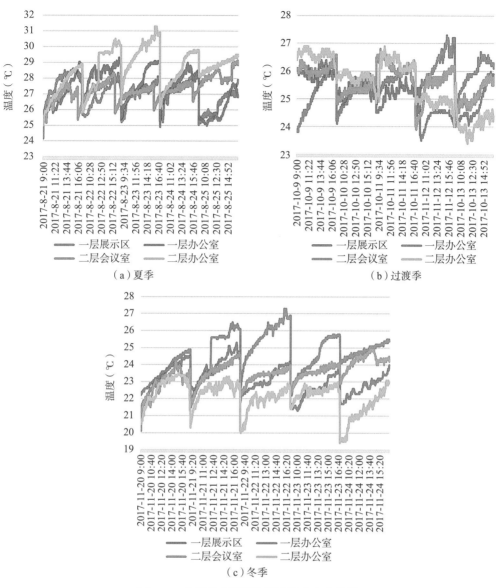

图6-42 各季节典型周各测点温度变化曲线

1）CO₂与PM2.5浓度变化

由图6-44可知，夏季各测点的CO_2浓度日均值为582.8ppm，波动区间为410～1020ppm；过渡季各测点的CO_2浓度日均值为585.9ppm，波动区间为400～1210ppm；冬季各测点的CO_2浓度日均值为608.7ppm，波动区间为400～900ppm。

PM2.5浓度方面，由图6-45可知，夏季各测点室内PM2.5浓度处于1～21μg/m³之间，过渡季处于3～50μg/m³之间，冬季处于2～87μg/m³之间。

2）对标分析

综合对各季节典型工作日的实时监测数据，以《室内空气质量标准》GB/T 18883-2002为对比标准，本项目CO_2与PM2.5指标达标情况见表6-25。

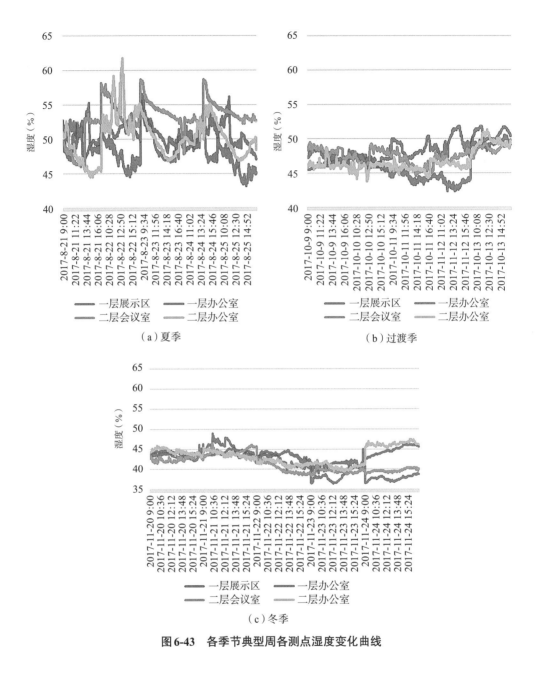

图6-43 各季节典型周各测点湿度变化曲线

本项目办公空间热环境对标情况 表6-24

季节	温度		相对湿度	
	平均值（℃）	达标率（%）	平均值（%）	达标率（%）
夏季	27.6	88.8	50.6	89.5
过渡季	25.5	76.1	47.2	84.7
冬季	23.4	69.1	42.4	86.3

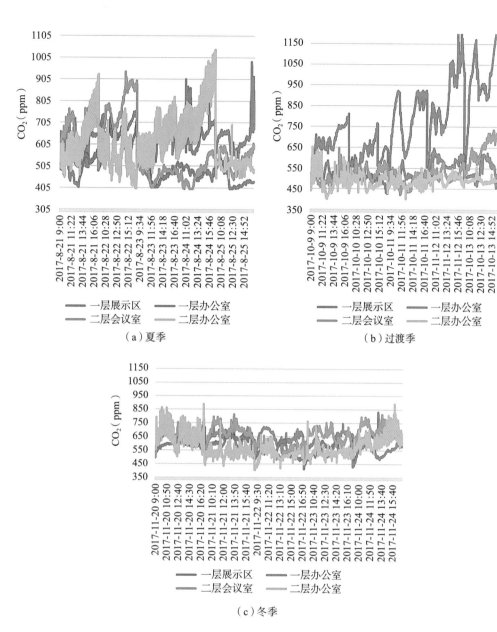

图6-44　各季节典型周各测点 CO_2 变化曲线

本项目办公空间主要空气质量指标对标情况　　　　　　　　　表6-25

季节	CO_2 浓度		PM2.5浓度	
	平均值（ppm）	达标率（%）	平均值（μg/m³）	达标率（%）
夏季	582.8	95.1	3.5	100
过渡季	585.9	92.1	13.2	96.8
冬季	608.7	100	18.4	83.3

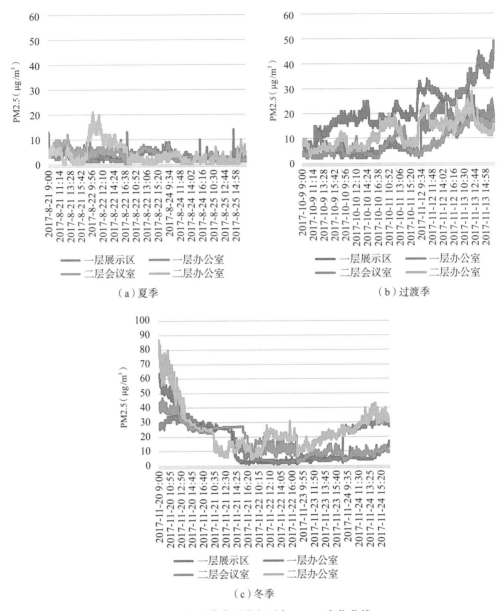

图6-45　各季节典型周各测点PM2.5变化曲线

（4）室内光环境

项目组对夏季、过渡季和冬季室内照度进行了现场抽点测试，发现夏季办公区域的照度均值都在500lx左右，靠近外窗的区域照度瞬时可达1100lx；过渡季办公区域的照度值都在600lx左右；冬季办公区域的照度值波动幅度较大在15～1020lx之间。

本项目以《民用建筑照明设计标准》GB 50034-2013为对比标准，综合以上测点的实测情况，办公区域照度达标率统计如表6-26所示。

季节	照度	
	平均值（lx）	达标率（%）
夏季	580	83.20
过渡季	510	88.51
冬季	448	73.07

6.3.5 用户满意度调研

（1）受访者基本情况看

本次问卷共发放78份，收回有效问卷75份，受访者基本信息见图6-46。本次受访者中，40岁以下的人员占72%，男女比例接近4∶6，受访者人员结构比较合理。

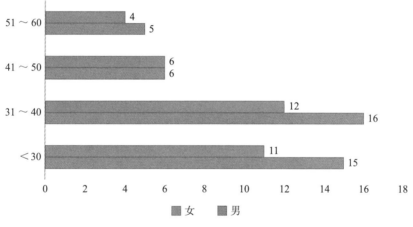

图6-46 受访者性别及年龄

（2）总体满意度

根据问卷结果，受访者对办公区的热环境、空气质量、光环境及声环境的满意度分别为94.59%、87.84%、89.14%和90.54%，总体满意度达到91.89%，见图6-47。

结合本项目环境测试的达标情况，相关指标的达标率与满意率叠加在图6-48中，可见项目各指标的综合达标率都在83%以上，而各指标的使用者主观满意率也都超过了85%。

本次调研中，设计了室内环境因素影响程度的问卷调研，请受访者选择温度、空气质量、光环境、热湿环境和空气质量的关心度，结果汇总于表6-27。受访人员主要关心室内环境的温度和空气质量，占比分别为44.59%和27.03%。对于光环境、气流和湿度关心度相对较小。

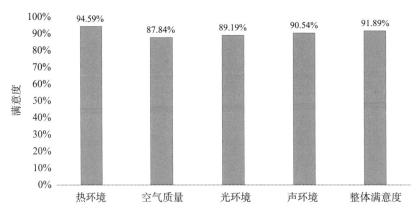

图6-47 受访者人员满意度结果

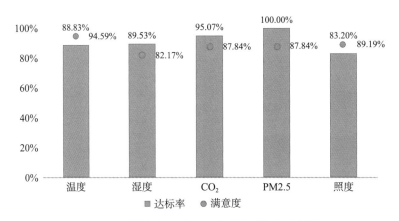

图6-48 夏季室内环境达标率及主观满意度结果

室内环境关心度 表6-27

	温度	湿度	气流	空气质量	光环境
数量	33	3	4	20	5
比例	44.59%	4.05%	5.41%	27.03%	6.76%

6.4 深圳某项目

6.4.1 项目概况

（1）建筑基本信息

项目建设用地面积3.92万m^2，总建筑面积26.7万m^2，其中地上建筑面积18.3万m^2，地下建筑面积8.4万m^2，建筑结构为型钢混凝土框架—钢筋混凝土核心筒混合结构。地上46层、地下3层、建筑总高度245.8m。该项目是一座集现代办公、金融交易运行、金融研究、庆典展示、会议培训和物业管理等为一体的垂直多功能综合办公大楼，项目于2017年取得了中国绿色建筑三星级标识认证。

（2）绿色建筑技术应用

本项目采用的主要绿色建筑技术如下：

1）节能空调系统：主要采用变风量全空气空调系统，全楼设置2000台变风量末端装置。由于南方气候湿度大，空调季节长，所以潜热交换效率高，故选用可实现全热交换的转轮热回收装置。在16层和32层设备层各设置4台转轮热回收装置，单台处理风量在$18000 \sim 32400 m^3/h$之间，分为4个小系统，对塔楼办公层的排风进行冷量回收，预冷新风。

2）冰蓄冷系统：采用串联−主机上游式−单泵系统，乙二醇循环泵采用变频泵，备用方式为N+1。通过采用冰蓄冷制冷系统，将提高电网用电负荷率，改善电力投资综合效益和减少二氧化碳、硫化物排放量。

3）空气源热泵采暖：项目的采暖热源由风冷热泵热水机组提供，风冷热泵机组设在16层和屋顶（$H+242.8m$）层机电层内，采暖供回水温度为$50℃/45℃$。采暖管道为双管制，与冷冻水管道共用末端，形成两管制系统。

4）智能照明控制：照明设计与自然光照明合并，通过综合控制设备以实现节能目标。景观照明、车库照明、公共空间采用智能照明控制系统，可按时段作场景化调节，分别采取定时、分组、照度/人体感应等实时控制方式，最大限度地实现照明系统节能。

5）可再生能源利用：应用了太阳能热水系统供应45层客房及服务员工用淋浴热水及$45 \sim 46$层公共卫生间热水。光伏发电系统的安装规模为180Wp，单晶硅双玻璃光伏组件共154块，系统额定总功率24.48kWp，整个屋顶光伏发电系统年平均发电量约为2.8万kW·h，其发电用于大厦本身负载使用。

6）雨水回收利用系统：项目对塔楼屋面雨水、抬升裙楼屋面的雨水进行收集，设有室外$1010m^3$的雨水蓄水池，处理能力$50m^3/h$，采用柱式膜处理工艺。另外将室外广场雨水收集至室外$320m^3$的雨水蓄水池，处理能力$25m^3/h$，采用柱式膜处理工艺，雨水经处理后用于抬升裙楼屋面、室外地面的冲洗和绿化浇洒以及地下车库地面冲洗。

7）综合节遮阳技术：项目整体采用多种遮阳形式，几乎涵盖了建筑中常见的遮阳形式，通过综合应用，降低外窗综合遮阳系数，有效降低了建筑空调能耗。同时，还提高室内居住舒适性有显著的效果，避免过强的日光对办公人员视觉和精神上的影响。本项目采用了遮阳智能控制技术，即根据室外自然光的强度调节遮阳帘的开启面积，通过综合控制设备以实现节能目标。

8）室内环境质量监控系统：本项目环境监控系统包括室内空气质量监控和室外环境的监视两个方面。楼宇设备管理系统会对室内环境的温度、湿度、CO_2、空气质量进行监控分析，并以自动通风调节保证室内控制质量良好健康。部分区域（车库、空调机房等）设置CO_2及重要空气污染物的监测系统，对室内主要功能空间的CO_2、空气污染物浓度进行数据采集和分析。

9）地下采光优化：大楼东西两旁的两个中庭也大量利用自然光，以节省照明用电及改善室内环境质量。同时使用光导照明系统。光导照明自动控制系统应用在装有光导照明系统的场所，可以根据室内照度的变化自动控制该区域室内灯具的开启和关闭，使工作环境保持稳定的正常照明状态并达到节约能源的目的。

（3）运行模式和策略

大楼业主与租户共计26家，楼内办公与工作人员总数约3000人，全年访客约17万人次，工作日访客人数平均每天680人。

1）制冷机组设置和全年运行方式

由于有24h供冷的数据库技术中心机房，故冷源分为A、B两个系统。

A系统冷源服务于24h供冷区域和出租办公区域内的数据机房，总冷负荷2752RT，选用3台900RT单工况水冷离心式冷水机组，提供7/12℃的冷冻水。

B系统服务于除24h供冷外的其他区域，总冷负荷4415RT，选用3台950RT、1台500RT双工况水冷离心式冷水机组在夜间制冰，蓄冰设备总蓄冰量18120RT·h。蓄冰设备设于地下三层和地下二层的蓄冰间内冰蓄冷系统采用串联-主机上游式-单泵系统，乙二醇循环泵采用变频泵，备用方式是N+1。

2）供热机组设置和全年运行方式

典藏档案库等重要场所提供冬季热源，热源形式为风冷热泵，机组放置在16层机电层内，供回水温度为50/45℃。

3）空调风水系统设置和运行模式

a.空调水系统

A系统用户侧的低温区冷冻水供/回水温度为7/12℃，高区供/回水温度为9/14℃。蓄冰设备设于地下三层和地下二层蓄冰间内。末端负荷高峰时段采用融冰供冷和主机联合供冷的方式，乙二醇溶液供/回液温度为3.5/10.5℃。

B系统用户侧的低温区冷冻水供/回水温度为5/12℃，高区供/回水温度为6/13℃。地下3～16层为地区，17层以上为高区。

b.空调风系统

一层办公配套用房、二层出租办公大楼、八层上市大厅和国际会议厅等各区域采用全空气定风量系统，空调机组设置在地下一层或本层空调机房内。

自用办公区和出租办公区采用全空气变风量系统。办公区设置集中排风排至机电层，经轮转热回收后排至室外，新风经排风预冷后经新风竖井送至各标准层空调机房。首层商业区、餐厅等采用风机盘管加新风系统。

6.4.2 建筑能耗分析

（1）建筑实际运行能耗

1）总能耗分析

项目消耗的能源种类主要为电力，用于照明、电梯和新风等主要用能系统。该建筑的用能总量如表6-28所示。

典型年总能耗   表6-28

能源类型	年用量（kW·h）	折算标准煤系数（kgce/kW·h）	标煤（kgce）
电网电力1	17855257	0.36	6427893

注：电力以等价折算，具体折算系数采用《公共建筑节能设计标准》GB 50189–2015中的0.36kgce/（kW·h）。

2）逐月电耗

典型年各月分项电源消耗情况如表6-29所示。

深圳案例典型年各月能耗情况（单位：kW·h）   表6-29

月份	空调能耗	弱电井及机房	幕墙及景观、车库照明	电梯	业主及租户单位用电	合计
1月	384682	59443	81143	36250	367869	929387
2月	316546	54704	71148	27276	269337	739011
3月	442429	57422	85367	38373	392048	1015638
4月	818297	57944	80599	41046	223116	1221002
5月	1146213	59929	81185	43446	341646	1672419
6月	1380793	58855	78901	44492	334935	1897976
7月	1771741	61932	81115	43988	326564	2285339
8月	1513046	61082	78907	44116	312492	2009643
9月	1350716	58888	76672	39262	336810	1862347
10月	1238103	60866	81631	35795	302432	1718827
11月	821002	57758	88231	37802	351850	1356643
12月	578150	60295	90590	36887	381103	1147025
合计	11761716	709117	975489	468733	3940202	17855257

可以看出，本项目夏季时段（6～10月）的单月用电量最高，7月为最高峰，2月为春节假期，上班时间较少，用电量也低。

项目的2016年用能分项能耗见图6-49，空调系统占比66%，弱电、机房用电量占比4%，幕墙及景观以及车库的照明用电占5%，电梯用电量占2%，业主及租户单位用电量占22%。

（2）能耗指标计算

本项目典型年的能耗总量为6427893tce，建筑面积按26.7万m²计算，其中地上18.1万m²，地下为车库和设备机房等。计算得该办公建筑单位面积能耗为24kgce/（m²·a），折算为电力能耗为67kW·h/（m²·a）。

按照《民用建筑能耗标准》GB/T 51161–2016，夏热冬暖地区办公建筑的约束

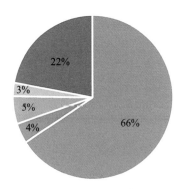

图6-49　2016年度用能分项结构图

能耗为100kW·h/（m²·a）。本建筑综合能耗为67kW·h/（m²·a），低于约束值33%。

广东省标准《公共建筑能耗标准》（DBJ/T 15-126-2017）在《民用建筑能耗标准》GB/T 51161-2016的基础上，针对广东省内各个地方用能水平的差异，增加了用能水平系数（广州、深圳为一类，一般公共建筑用能系数为1.2）。因此，深圳地区B类商业办公建筑的能耗约束值为120kW·h/（m²·a），本建筑综合能耗为67kW·h/（m²·a），低于省标约束值44%。

6.4.3 建筑水耗分析

（1）建筑水系统概况

项目给水系统地下室及首层采用市政水压直供；其余楼层分区设置变频泵组加压供水。给水系统按用途、管理单元设置计量水表，选用节水型卫生器具，满足《节水型生活用水器具》CJ/T 164-2014要求。

淋浴、盥洗优质杂排水等全部收集，经MBR反应膜处理及消毒后用于本大楼一～四十三层冲厕用水。将塔楼屋顶雨水、抬升裙楼屋面雨水、室外广场雨水收集经处理后用于地面的冲洗和绿化浇洒以及地下车库冲洗等，项目水系统如图6-50所示。

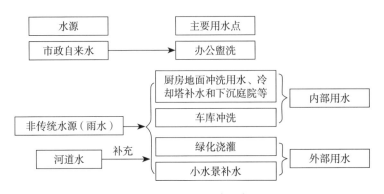

图6-50　项目水系统示意图

（2）建筑实际运行水耗指标分析

典型年项目市政自来水用水量为177002m³，非传统水源用水量为49718m³。建筑单位面积用水量为0.66m³/（m²·a），年均使用人数3000人，人均用水量为59.0m³/（人·a）。

本项目的给水来源主要有市政自来水与场地雨水回用水。对项目逐月用水量和分项用水量进行分析，可得到图6-51。全年不同用途的用水结构特征见图6-52。

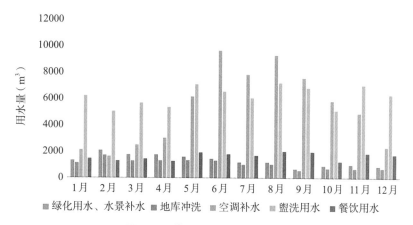

图6-51　典型年逐月用水分项图

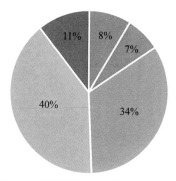

图6-52　典型年全年分项用水比例图

（3）建筑用水指标对比

参考《民用建筑节水设计标准》GB 50555-2010和《建筑给水排水设计规范》GB 50015-2003（2009年版），项目日生活用水量计算公式为：办公楼生活用水量/人数/年工作天数=19.13L/（人·班）。

《建筑给水排水设计规范》GB 50015-2003（2009年版）中用水定额为对于普通建筑用水要求，而《民用建筑节水设计标准》GB 50555-2010则是基于节水的基准上确定用水定额，该建筑分项用水量满足《民用建筑节水设计标准》GB 50555-2010中对于场地内绿化用水、办公用水的定额要求，属于节水型建筑。

6.4.4 建筑室内环境性能

（1）测试方案

本项目主要采用清华大学 IBEM 测试仪，可测试五个指标：温度、湿度、照度、CO_2 浓度和PM2.5浓度。分别开展了夏季、过渡季和冬季三个工况的测试工作。在测点布置方面，选取了标准层15层、34层和36层，并根据办公现场实际情况，选取了其他部分典型区域，总计在大办公室与小办公室、大堂、会议室等空间布置了5个测点。

本节的数据选取各测点各工况连续数据中的典型周开展数据分析。其中，典型周数据选取原则为工作日内的工作时段内的有效数值。

（2）室内热环境

1）温度

根据数据采集情况，本项目夏季、过渡季和冬季典型工作时段内的温度变化曲线如图6-53所示。

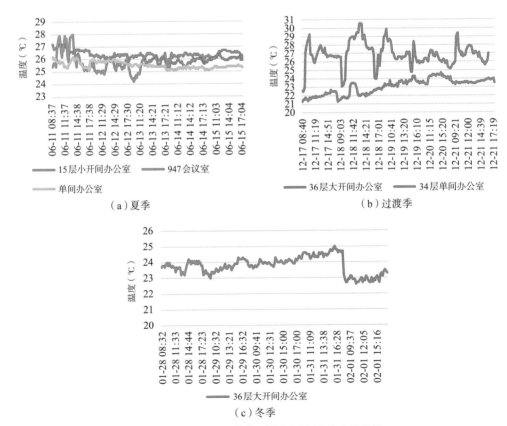

图6-53　本项目各季节典型周各测点温度变化曲线

2）对标分析

根据《公共建筑节能设计标准》GB 50189-2015及《民用建筑供暖通风与空气

调节设计规范》GB 50736-2016对室内环境参数的要求，本项目的温湿度指标各季节对标情况见表6-30。

办公空间热环境测试对标情况　　　　　　　　　　　　表6-30

季节	温度		相对湿度	
	平均值（℃）	达标率	平均值	达标率
夏季	26.1	100%	73%	92%
过渡季	25.0	88%	63%	/
冬季	23.8	67%	59%	100%

（3）室内空气质量

1）CO_2与PM2.5浓度变化

对夏季、过渡季和冬季典型日的室内空气CO_2浓度、PM2.5浓度实施了逐时监测，对不同功能区间实测结果如下所述。

根据图6-54，夏季各测点的CO_2浓度日均值为480.5ppm，波动区间为400～750ppm；过渡季各测点的CO_2浓度日均值为433.9ppm，波动区间为400～550ppm；冬季各测点的CO_2浓度日均值为453.2ppm，波动区间400～550ppm。

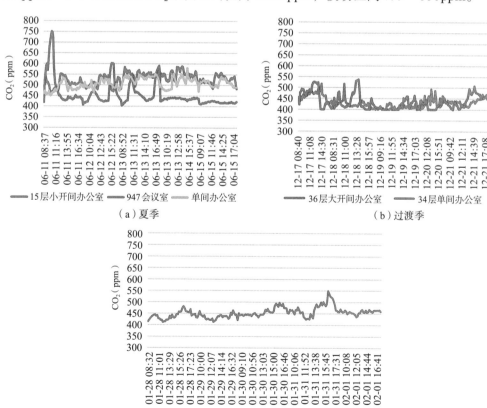

图6-54　各季节典型周各测点CO_2变化曲线

由图6-55可知，夏季室内PM2.5浓度处于4～75μg/m³之间，过渡季处于3～38μg/m³之间，冬季处于4～30μg/m³之间。各季节间其浓度变化存有一定的差异性。

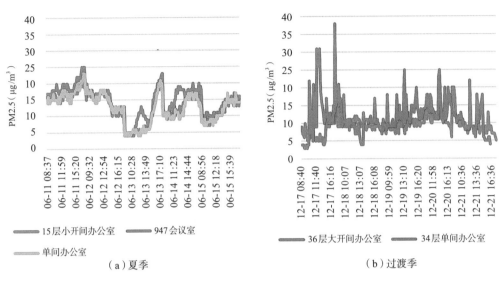

（a）夏季 （b）过渡季

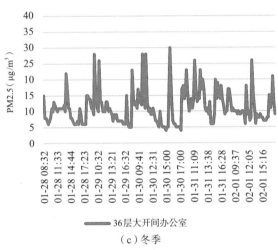

（c）冬季

图6-55 各季节典型周各测点PM2.5变化曲线

2）对标分析

综合对各季节典型工作日的实时监测数据，以《室内空气质量标准》GB/T 18883-2002为对比标准，本项目CO_2与PM2.5的达标率情况汇总于表6-31，各指标在各工况均达到了较高的达标率。

（4）室内光环境

夏季办公区域的照度均值都在500lx左右，靠近外窗的区域照度甚至可达1000lx；过渡季办公区域的照度值都在500lx以下，冬季办公区域的照度均值都在500lx左右。

办公空间主要空气质量指标对标情况 　　　　　表6-31

季节	CO₂浓度		PM2.5浓度	
	平均值（ppm）	达标率	平均值（μg/m³）	达标率
夏季	480.5	100%	20.3	100%
过渡季	433.9	100%	11.6	99%
冬季	453.24	100%	11.1	100%

以《民用建筑照明设计标准》GB 50034-2013为对比标准，综合以上测点的实测情况，办公区域的各监测点除中午午休关灯以外，其余正常办公时间照度值均达标。本项目照度达标率统计如表6-32所示。

办公空间照度对标情况 　　　　　表6-32

季节	照度	
	平均值（lx）	达标率
夏季	458	100%
过渡季	410	100%
冬季	448	100%

6.4.5 用户满意度调研

（1）受访者基本情况

本次问卷共发放42份，收回有效问卷42份。样本基本信息详见图6-56。

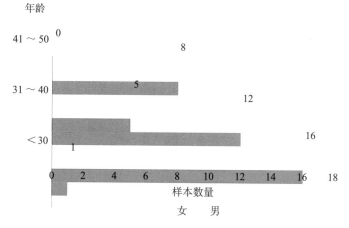

图6-56 受访者年龄及性别分布图

本项目属于功能相对单一的办公建筑，工作人员平均年龄主要集中在40岁以下，占总样本的80.9%，男女比例为1:1，其中年龄在30岁以下的以女性为主。

（2）总体满意度

根据对使用者的调研问卷结果，将各单项环境及综合环境的满意度评价进行汇总，得到图6-57。本次调研样本对该建筑的总体满意度达到97.6%。

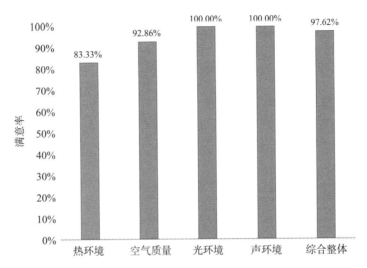

图6-57 受访者人员满意度结果

结合本项目环境测试的达标情况，相关指标的达标率与满意率综合图如图6-58所示。如图所示，该项目各指标的综合达标率，除了湿度相对较低之外，其余的都在80%以上，而各指标的满意率也都得到了90%以上。

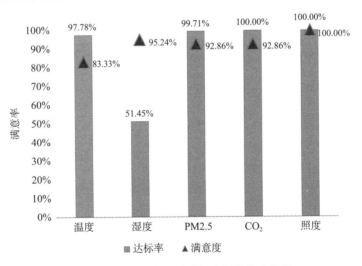

图6-58 受访者室内环境达标率及满意度结果

本次调研中，还对受访者对室内环境因素关心程度的实施了调研，请受访者勾选室内声环境、光环境、热湿环境和空气质量的关心度，结果见表6-33。可知，问卷者对室内环境的关心程度：空气质量＞温度＞都关心＞声环境＞湿度＞光环境＞气流。

	都关心	光环境	空气质量	气流	声环境	湿度	温度
数量	13	8	27	3	12	10	16
比例	14.61%	8.99%	30.34%	3.37%	13.48%	11.24%	17.98%

室内环境关心度 表6-33

6.5 本章小结

本章选取了位于上海、重庆、天津和深圳的4个典型绿色建筑项目进行案例研究，覆盖了严寒寒冷、夏热冬冷和夏热冬暖等绿色建筑相对发展较快的地区，开展性能后评估。

综合而言，本次选取的绿色建筑均获得了运行标识，且均为二三星级建筑，其能耗水平均远低于国家标准的引导值与地方标准的约束值，可见绿色建筑运行能耗具有一定的先进性。水耗水平各地差异较大，因缺乏各项目具体的用水结构分析，以及运行阶段用水定额标准的缺失，各项目间可比性不高。在室内热环境性能方面，重庆案例全年温度的达标率较均衡，上海案例夏季温度稍偏高，深圳案例冬季温度达标率稍低；湿度方面，各地案例整体达标率都在70%以上。在室内空气质量性能方面，各地案例的室内CO_2浓度远低于标准，达标率基本上接近100%，其中深圳案例的室内CO_2浓度指标整体表现最低，全年PM2.5浓度也是深圳项目整体最低。在光环境方面，照度指标各地项目处于400～650lx之间，与照明设计标准也基本相符。用户满意度方面，4个项目的建筑使用者满意度均在75%以上，上海案例项目热环境满意率为78%，与温度测试达标率较低也基本相符，反映出了该案例后期优化提升的方向。各案例项目对室内环境最关心因素也存有差异，上海与天津案例最关心温度，而重庆与深圳案例则最关心室内空气质量。

通过以上的综合分析，反映出了绿色建筑性能的共性，也体现了各案例项目的特点，同时可以初步判定各案例后期优化提升的方向。

［1］Ellis J，Winkler H，Corfee-Morlot J，etc. CDM：Taking stock and looking forward[J]. Energy Policy，2007，35：15-28.

［2］郑晓卫.国内外建筑能耗基准评价工具的研究与应用[J].上海节能.2006，6.

［3］Kallbekken S，Flottorp L S，Rive N. CDM baseline approaches and carbon leakage[J]. Energy Policy，2007，35：4154-4163.

［4］BRECSU. Energy Performance in the Government's Civil Estate[G]. BRT：Crown Copyright First，2000.

［5］Environmental Protection Agency. About ENERGY STAR[EB/01]. http：//www. energystar. gov/index. cfm?c=about. ab_index，2013-10.

［6］曹勇，刘益民，于丹.德国与美国能耗基准确定方法在北京地区办公建筑空调系统能耗定额确定方面的应用及对比[J].建筑科学，2012，4：17-28.

［7］中国国家标准化管理委员会. DB 31/T 551-2011 星级饭店建筑合理用能指南 [S].北京：中国标准出版社，2003.

［8］丁勇，王雨，刘学，白佳令.重庆市公共建筑能耗限额标准编制研究[J].建筑科学，2018，34（06）：56-64.

［9］深圳市住房和建设局.深圳市公共建筑能耗标准SJG 34-2017.

［10］胡姗，燕达，刘烨.对《武汉市民用建筑能耗限额指南》的研究[J].建筑科学，2015，31（10）：42-47.

［11］中国建筑科学研究院有限公司.中国建筑能效先锋工具 [DB/OL]. http：//www.chinabest-building.com：8090/global/login/login.html.

［12］住房和城乡建设部.公共建筑节能设计标准：GB 50189-2015[S].北京：中国建筑工业出版社，2015.

［13］住房和城乡建设部.民用建筑能耗标准：GB 51161-2016[S].北京：中国建筑工业出版社，2016.

［14］上海市机关事务管理局，上海市建筑科学研究院.机关办公建筑合理用能指南：DB 31/T 550-2015[S].上海：上海市质量技术监督局，2015.

［15］CATHY T.，and MARK F.，Energy Performance of LEED® for New Construction Buildings，NBI，2008.

［16］Guy R. Newsham，Sandra Mancini，Benjamin J. Birt. Do LEED-certified buildings save energy? Yes, but... [J]. Energy & Buildings，2009，41（8）：897-905.

［17］Balaban O，Puppim de Oliveira，José A. Sustainable buildings for healthier cities：assessing the co-benefits of green buildings in Japan[J]. Journal of Cleaner Production，2015，163（Supplement）：S68-S78.

［18］Scofield, John H. Efficacy of LEED-certification in reducing energy consumption and greenhouse gas emission for large New York City office buildings[J]. Energy and Buildings，2013，67：517-524.

［19］住房和城乡建设部《绿色建筑效果后评估与调研分析》课题组.我国绿色建筑使用后评价方法研究及实践[J].建设科技，2014，（16）：28-32.

［20］丁勇，于晓敏.重庆中冶赛迪大厦节能设计及运行分析[J].暖通空调，2015，（3）：28-32.

［21］林波荣，刘彦辰，裴祖峰.我国绿色办公建筑运行能耗及室内环境品质实测研究[J].暖通空调，2015（3）：1-8.

［22］林波荣，肖娟，刘彦辰，et al.绿色建筑技术效果和运行性能后评估[J].世界建筑，2016（6）：28-33.

［23］Jianrong Yang，Lizhen Wang，Ying Zhang，Gaijing Zhang. Energy consumption evaluation during the post-occupancy phase of Green offices in hot summer and cold winter zone. the 3rd International conference on New Energy and Renewable Resources（ICNERR2018）.

［24］Huang Y J，Akbari H，Rainer L，et al. 481 prototypical commercial buildings for 20 urban market areas[R]. Lawrence Berkeley Laboratory Applied Science Division Berkeley，1991.

［25］袁国钧，张宇，李涛.浅谈国外水资源管理模式对中国的借鉴意义[J].城市建设理论研究（电子版），2016（11）：956-956.

［26］Asia E，Region P. Water Resources Management in an Arid Environment[J]. 2006.

［27］陈浩.西北地区公共建筑用水量研究[D].济南：山东建筑大学，2017.

［28］刘丹花.世界主要国家水资源管理体制比较研究[D].赣州：江西理工大学，2015.

［29］李瑞娟，李丽平.美国环境管理体系对中国的启示[J].世界环境，2016.2：24-26.

［30］杜桂荣，宋金娜，肖滨，等.国外水资源管理模式研究[J].人民黄河，2012，34（4）：50-54.

［31］唐娟.英国水行业政府监管模式的改革[J].经济社会体制比较，2004（4）：127-133.

［32］姜亦华.日本的水资源管理及启示[J].经济研究导刊，2008（18）.

［33］Robert Quinn，Paul Bannister，Michael Munzinger，etc. Water Efficiency Guide：office and public buildings[R]. Canberra：Focus Press，2006.

［34］王婧潇，杨枫楠，汪长征，等.城镇居民生活用水定额现状分析及展望[J].给水排水工程，2018，5（36）：139-143.

［35］李娜.基于ANP的办公建筑节水改造评价体系研究[D].天津：天津大学，2010.

［36］天津市2007年部分国家机关办公建筑和大型公共建筑能耗调查情况汇总表[EB/OL]. 2009-1-11. http：//www.juccce.com/documents/Perspectives/Government/Energy-Investigation Report_Tian Jin.doc .

［37］贵州省国家机关办公建筑和大型公共建筑示范项目能耗公示表[EB/OL]. 2009-7-27. http：//

www.docin.com/p-27814242.html .

［38］北京 2007 年实施能源审计的部分北京市国家机关办公建筑和大型公共建筑平均电耗、水耗公示［EB/OL］. http：//210.75.213.166/Portals/0/doc/tongzhi/jcc801921.doc，2008-1-2.

［39］赵金辉，蒋宏. 高层办公楼水耗调查及超压出流实测分析［J］. 给水排水，2009（11）：193-195.

［40］桂轶. 商务楼宇用水量典型性调查与用水定额标准制定的依据［J］. 净水技术，2013，32（3）：55-58.

［41］张海迎. 上海市商务楼宇用水定额制定及建筑节水适用标准比较研究［D］. 上海：华东师范大学，2013.

［42］马素贞. 上海某绿色二星级建筑运行实效分析［J］. 城市发展研究，2015，22（1）：1-4.

［43］孙妍妍. 上海市绿色办公建筑运行实效调研与建议［J］. 住宅科技，2018. 3：43-47.

［44］刘瑞菊，赵金辉，陆毅，等. 某市高层办公楼水耗影响因素分析［J］. 山西建筑，2015.6（18）：197-198.

［45］马媛. 基于系统动力学的绿色建筑节水增量成本效益研究［D］. 兰州：兰州交通大学，2016.

［46］005 E © ISO 005I NTERNATIONAL STANDARD ISO 7730 Third edition 005-11-15 Ergonomics of the thermal environment.

［47］ASHRAE APPI IP CH 54-1999Codes and Standards.

［48］Fanger, P. O. Calculation of Thermal Comfort：Introduction of A Basic Equation[J]. ASHRAE Transactions，1967.

［49］GPE Discussion Paper Series：No.31 EIP/GPE/EBD World Health Organization 2001，世界卫生组织关于颗粒物、臭氧、二氧化碳和二氧化硫的空气质量准则.

［50］民用建筑供暖通风与空气调节设计规范 GB 50736-2012.

［51］肖仲豪，张泽群，何之淼，et al. 绿色商场建筑与普通商场建筑室内环境质量比较与分析［J］. 城市住宅，2018（6）.

［52］程瑞希，杨仕超，周荃，et al. 绿色办公建筑自然通风和防噪的综合优化与实践［J］. 广东土木与建筑，2017（01）：50-52.

［53］裴祖峰. 绿色办公建筑运行性能后评估实测与研究［D］. 2015.

［54］丁勇，罗迪，洪玲笑. 重庆地区绿色建筑室内环境实测分析［J］. 南方建筑，2018，No.184（02）：10-15.

［55］洪玲笑. 基于实际运行效果的重庆地区绿色办公建筑后评估研究［D］.

［56］朱颖心. 建筑环境学［M］. 北京：中国建筑工业出版社，2010，93-115.

［57］江燕涛. 室内空气品质主观评价的影响因素分析研究［D］. 长沙：湖南大学，2006：15.

［58］沈晋明，俞卫刚. 国际标准《建筑环境设计—室内空气质量—人居环境室内空气质量的表述方法》简介［J］. 暖通空调，2007，37（11）：53-59.

［59］刘玉峰，沈晋明. 深圳某写字楼室内空气品质主观评价与相关性分析［J］. 洁净与空调技术，2003（4）：17-20.

［60］PNUMA. Indoor environment：health aspects of airquality, thermal environment, light and noise[J]. Saneamento De Residencias，1990（2）：43-68.

［61］ASHRAE. Ventilation for acceptable indoor airquality：ASHRAE 62.1-2013[S]. Atlanta：ASHRAE，2013：3.

［62］徐文华.室内空气品质与通风[J].制冷与空调，2015，15（10）：72-83.

［63］胡松涛，武在天，刘光乘，刘国丹.我国不同气候区地铁车厢内空气品质的评价与分析[J].暖通空调，2017，47（05）：1-8.

［64］Mallory-Hill S，Preiser W F E，Watson C G. Enhancing Building Performance[M]. UK：Blackwell Publishing Ltd，2012：15-18.

［65］Birt B，Newsham G R. Post-occupancy Evaluation of Energy and Indoor Environment Quality in Green Buildings：A Review[J]. Third International Conference on Smart and Sustainable Environments，2009：1-7.

［66］Preiser W F E. Building Performance Assessment—From POE to BPE，A Personal Perspective[J]. Architectural Science Review，2005，48（3）：201-204.

［67］Manning P. Office design：a study of environment[M]. Liverpool: Univsity of Liperpool，1965:160.

［68］Preiser W F E，Rabinowitz H，White E. Post-Occupancy Evaluation[M]. New York：Van Nostrand Reinhold Company Inc，1988.

［69］Federal Facilities Council. Learning from our buildings：A state-of-the-practice summary of Post-occupancy evaluation[M]. Washington，National Academy Press，2002.

［70］Li P，Froese T M，Brager G. Post-occupancy evaluation：State-of-the-art analysis and State-of-the-Practice review[J]. Building and Environment，2018，133：187-202.

［71］Herda G，Autio V，Lalande C. Building sustainability assessment and benchmarking-an Introduction[M]. New York，UN Habitat，2017.

［72］Scofield J H. Do LEED-certified buildings save energy? Not really...[J]. Energy and Buildings，2009，41（12）：1386-1390.

［73］Altomonte S，Schiavon S. Occupant satisfaction in LEED and non-LEED certified buildings[J]. Building and Environment，2013，68：66-76.

［74］Altomonte S，Schiavon S，Kent M G，et al. Indoor environmental quality and occupant satisfaction in green-certified buildings[J]. Building Research and Information，2017，36：1-20.

［75］Gou Z，Lau S，Zhang Z. A comparison of indoor environmental satisfaction between two green buildings and a conventional building in China[J]. Journal of Green Building，2012，7（2）：89-104.

［76］Newsham G R，Birt B J，Arsenault C，et al. Do 'green' buildings have better indoor environments? New evidence[J]. Building Research and Information，2013，41（4）：415-434.

［77］Liang H H，Chen C P，Hwang R L，et al. Satisfaction of occupants toward indoor environment quality of certified green office buildings in Taiwan[J]. Building and Environment，2014，72：232-242.

［78］Hedge A，Miller L，Dorsey J A. Occupant comfort and health in green and conventional

［79］庄惟敏，韩默.建筑使用后评估 基本方法与前沿技术综述[J].时代建筑，2019，（4）：46-51.

［80］Preiser W F E，Vischer J. Assessing Building Performance[M]. New York：Routledge，2005.

［81］Cohen R，Standeven M，Bordass B，et al. Assessing building performance in use 1：the Probe process[J]. Building Research and Information，2001，29（2）：85-102.

［82］Leaman A，Bordass B. Assessing building performance in use 4：the Probe occupant surveys and their implications[J]. Building Research & Information，2001，29（2）：129-143.

［83］庄惟敏.公共机构环境能源效率综合提升适宜技术研究与应用示范[R].北京：清华大学、清华大学建筑设计研究院、北京建筑大学，2016.

［84］孙佳媚，杜晓洋，周术等. 日本建筑物综合环境效率评价体系引介[J].山东建筑大学学报，2007，（01）：31-34.

［85］伊香贺俊治，彭渤，崔惟霖.建筑物环境效率综合评价体系CASBEE最新进展[J].动感：生态城市与绿色建筑，2010，（03）：20-23.

［86］于晓敏.重庆地区绿色公共建筑技术效果后评估研究[D].重庆：重庆大学，2016.

［87］林波荣，肖娟，刘彦辰，等.绿色建筑技术效果和运行性能后评估[J].世界建筑，2016，6：28-33.

［88］肖娟.绿色公共建筑运行性能后评估研究[D].北京：清华大学，2013.

［89］李佗.广州市绿色居住建筑后评估研究[D].广州：华南理工大学，2018.

［90］金招芬，朱颖心. 建筑环境学[M].北京：中国建筑工业出版社，2001.

［91］Moradi-Aliabadi M，Huang Y. Multistage Optimization for Chemical Process Sustainability Enhancement under Uncertainty[J]. Acs Sustainable Chemistry & Engineering，2016，4（11），6133-6143.

［92］Peter J P. Reliability：A Review of Psychometric Basics and Recent Marketing Practices[J]. Journal of Marketing Research，1979，16（1）：6-17.

［93］Dawes J. Do data characteristics change according to the number of scale point used Anexperoment using 5point，7point and 10 point scales[J]. International journal of Market Research，2008，51（1）：1-19.

［94］Jenkins G D，Taber T D. A Monte Carlo study of factors affecting three indices of composite scale reliability[J]. Journal of Applied Psychology，1977，62（4）：392-398.

参考文献